大学入試 短期集中ゼミノート

記述試験対策

数学Ⅲ

福島國光・福島 聡

実教出版

本書の利用法

共通テストは思考力を重視する問題に変わりつつありますが、依然としてマークシートによる解答方式です。しかし、それに慣れきってしまっていると、はじめから終わりまできちんとした解答を作成する能力が備わってきません。

プロセスを大事にする記述式問題では、正解は出せたのに途中の式のために思わぬ減点、ということもあります。

本書は、記述に強くなって記述式問題への苦手意識を払拭することを主眼に編集した、書き込み式問題集です。

まずは、例題に当たり補足説明もよく読んで正しい記述のしかたを理解し、そして確認問題は例題の記述のしかたを参考にして書くとよいでしょう。続けて、マスター問題を解いて記述方法をしっかり身につけ、チャレンジ問題が完璧に解答できるようになれば、相当な自信がつくはずです。

健闘を祈ります。

※問題文に付記された大学名は，過去に同様の問題が入学試験に出題されたことを参考までに示したものです。

目次

1 分数関数

❖ 分数関数 ❖

(1) 関数 $y=\dfrac{bx+c}{x+a}$ のグラフが点 $(1,\ 3)$ を通り，かつ $x=-2$，$y=4$ を漸近線にもつとき，a，b，c の値を求めよ。〈東洋大〉

(2) 関数 $f(x)=\dfrac{3-2x}{x-4}$ がある。方程式 $f(x)=x$ の解を求めよ。また，不等式 $f(x)\leqq x$ を解け。〈南山大〉

解 (1) $x=-2$，$y=4$ を漸近線にもつから

$$y=\frac{k}{x-(-2)}+4$$ とおける。

点 $(1,\ 3)$ を通るから

$$3=\frac{k}{1-(-2)}+4 \quad より \quad k=-3$$

よって，$y=\dfrac{-3}{x+2}+4=\dfrac{4x+5}{x+2}$

$$y=\frac{4x+5}{x+2} \Longleftrightarrow y=\frac{bx+c}{x+a}$$

これより

$a=2$，$b=4$，$c=5$ ―――(答)

$y=\dfrac{k}{x-p}+q$ ← 漸近線 $y=q$

← 漸近線 $x=p$

$k>0$ のとき $y=\dfrac{k}{x-p}+q$ のグラフ（漸近線 $x=p$，$y=q$）

同値記号 $\Longleftrightarrow$
左辺と右辺の式が
等しいことを表す

(2) $\dfrac{3-2x}{x-4}=x$ より

$3-2x=x(x-4)$

$x^2-2x-3=0$

$(x-3)(x+1)=0$

よって，$x=3,\ -1$ ―――(答)

$$f(x)=\frac{-2(x-4)-5}{x-4}$$
$$=\frac{-5}{x-4}-2$$

$(-2x+3)\div(x-4)$ の割り算：商 -2，$-2x+8$ を引いて余り -5

上の割り算から

$$f(x)=\frac{-2x+3}{x-4}=-2-\frac{5}{x-4}$$

と変形できる

右のグラフより

$-1\leqq x\leqq 3$，$4<x$ ―――(答)

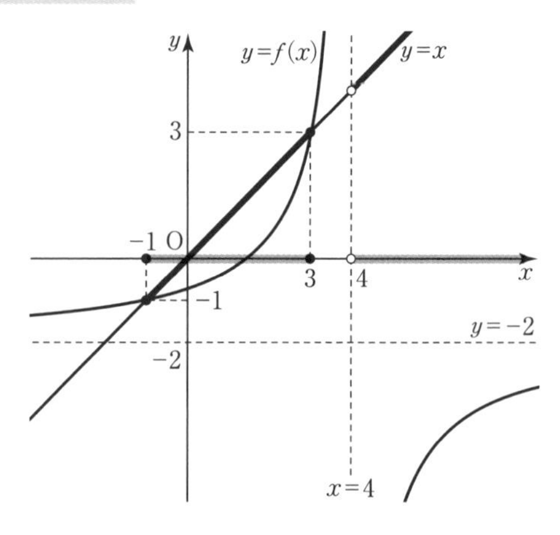

◇マスター問題

(1)　関数 $y=\dfrac{ax+b}{cx-1}$ のグラフが漸近線 $x=\dfrac{1}{2}$，$y=-3$ をもち，点 $(1,\ 1)$ を通るとき，a，b，c の値を求めよ。〈東海大〉

(2)　分数関数 $y=\dfrac{8x-4}{x+1}$ のグラフをかけ。また，不等式 $\dfrac{8x-4}{x+1}<2x$ を解け。〈中部大〉

◆チャレンジ問題

曲線 $y=-\dfrac{5}{4x}$ を x 軸方向に $-\dfrac{1}{2}$，y 軸方向に $\dfrac{3}{2}$ だけ平行移動した曲線を C とするとき，C の方程式を求めよ。また，曲線 C を直線 $x=-1$ に関して対称に移動した曲線の方程式を求めよ。〈東京理科大〉

2 無理関数

❖ 無理関数 ❖

(1) 不等式 $\sqrt{3-2x} \geqq 2x-1$ を解け。〈東京都市大〉

(2) 実数 k に対し，曲線 $C：y=2\sqrt{x+4}$ $(x \geqq -4)$ と直線 $l：y=x+k$ の共有点の個数を求めよ。〈名城大〉

解 (1) $y=\sqrt{3-2x}$ と $y=2x-1$ のグラフをかくと右図のようになる。

左辺と右辺の式を分けて2つのグラフをかく

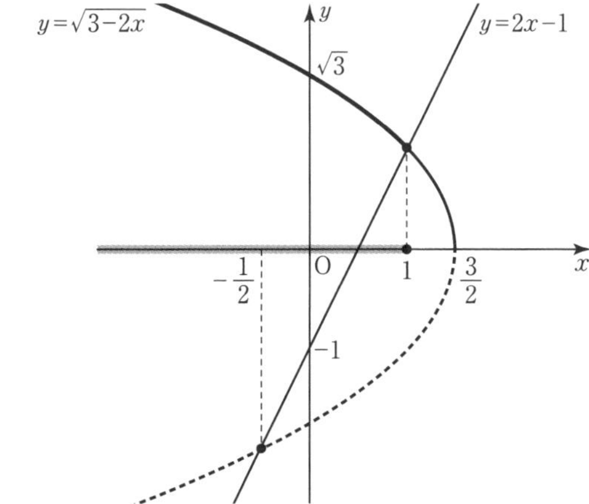

グラフの交点の x 座標は

$\sqrt{3-2x}=2x-1$ より

両辺を2乗して

$3-2x=4x^2-4x+1$

$4x^2-2x-2=0$

$(x-1)(2x+1)=0$

$x=1,\ -\frac{1}{2}$

右のグラフより

$x \leqq 1$ ——(答)

$\sqrt{3-2x}=2x-1$ の両辺を2乗して計算したので，適さない解が出てくる可能性がある。それをグラフで確認する

(2) $y=2\sqrt{x+4}$ と $y=x+k$ のグラフが接するときの k の値を求める。

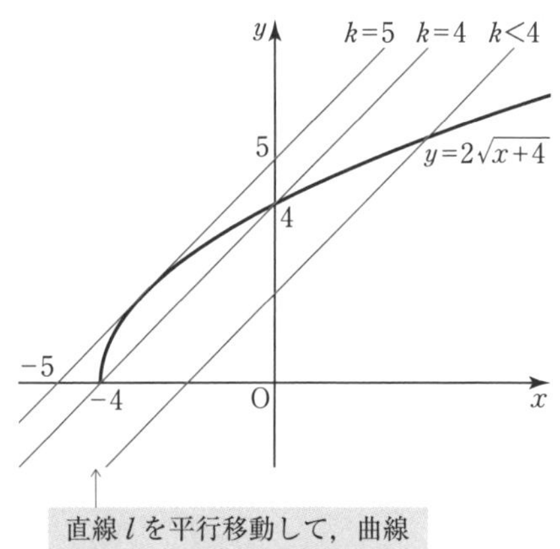

直線 l を平行移動して，曲線 C との交点の数を調べる

$2\sqrt{x+4}=x+k$ より

両辺を2乗して

$4(x+4)=x^2+2kx+k^2$

$x^2+2(k-2)x+k^2-16=0$

判別式を D とすると，$D=0$ だから

接する条件

$\frac{D}{4}=(k-2)^2-(k^2-16)$

$=-4k+20=0$ より $k=5$

また，点 $(-4,\ 0)$ を通るとき

$-4+k=0$ より $k=4$

よって，共有点の数は

$$\begin{cases} 4 \leqq k < 5 \text{ のとき，2個} \\ k<4,\ k=5 \text{ のとき，1個} \\ k>5 \text{ のとき，0個} \end{cases}$$ ——(答)

◆マスター問題

不等式 $\sqrt{2x-1}<\frac{1}{2}(x+1)$ を満たす x の値の範囲を求めよ。〈京都産大〉

◆チャレンジ問題

曲線 $y=\sqrt{x-1}$ と直線 $y=ax+1$ の共有点の個数を調べよ。〈工学院大〉

3 逆関数

❖ 逆関数 ❖

(1) 関数 $y=(x+1)^2-2\ \ (x>0)$ の逆関数を求めよ。また，定義域と値域をいえ。 〈松山大〉

(2) $f(x)=\log\dfrac{x}{1-x}$ とする。関数 $f(x)$ の逆関数 $f^{-1}(x)$ を求めよ。 〈北里大〉

解 (1) $y=(x+1)^2-2\ \ (x>0)$

の値域はグラフより，$y>-1$ ← まず値域を明らかにする

与式を x について解くと

$(x+1)^2=y+2$

$x+1=\pm\sqrt{y+2}$

$x>0$ より

$x=\sqrt{y+2}-1$

← x について解いて，x と y を入れかえる

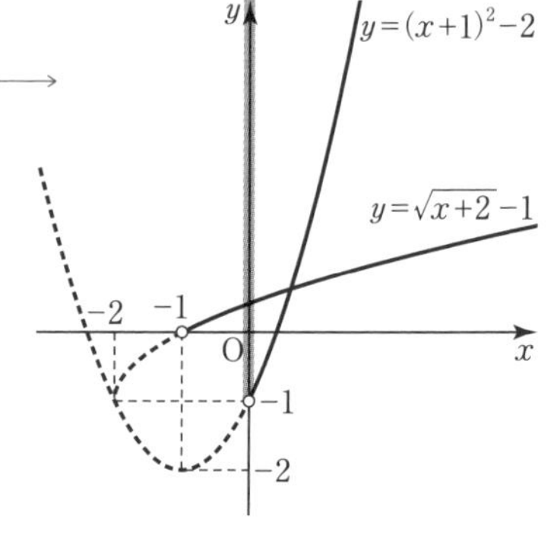

よって，逆関数は x と y を入れかえて

$y=\sqrt{x+2}-1$ ——(答)

また，定義域は　$x>-1$

値域は　$y>0$ ——(答)

← もとの関数の定義域 $x>0$ と値域 $y>-1$ が入れかわる

(2) $y=\log\dfrac{x}{1-x}$ とすると

← 対数の定義をあてはめる $y=\log f(x)\Longleftrightarrow e^y=f(x)$

$e^y=\dfrac{x}{1-x}$ だから

x について解くと

$e^y(1-x)=x$

$x(1+e^y)=e^y$

$x=\dfrac{e^y}{1+e^y}$

よって，逆関数は x と y を入れかえて

$f^{-1}(x)=\dfrac{e^x}{1+e^x}$ ——(答)

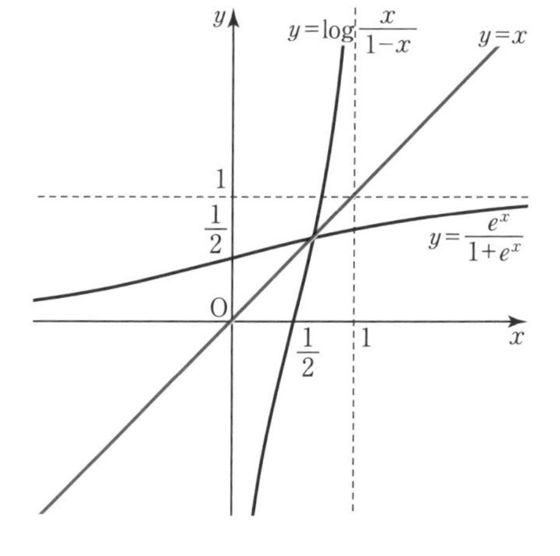

◇マスター問題

(1)　関数 $y=\sqrt{x+2}$ $(-1 \leqq x \leqq 1)$ の値域を求めよ。また，この関数の逆関数を求め，その定義域と値域をいえ。　〈東海大〉

(2)　関数 $y=\dfrac{2x+5}{x+2}$ $(0 \leqq x \leqq 2)$ の逆関数を求めよ。また，その定義域を求めよ。

〈広島市立大〉

◆チャレンジ問題

(1)　関数 $f(x)=ax+b$ $(a \neq 0)$ とその逆関数 $f^{-1}(x)$ が，$f(2)=5$，$f^{-1}(3)=1$ を満たすとき，a，b の値を求めよ。また，$f^{-1}(x)$ を求めよ。　〈千葉工大〉

(2)　関数 $f(x)=\dfrac{e^x-e^{-x}}{e^x+e^{-x}}$ の逆関数 $f^{-1}(x)$ を求めよ。　〈茨城大〉

4 合成関数

❖合成関数❖

(1) $f(x)=2x+1$, $g(x)=\dfrac{ax+b}{x-c}$ とする。合成関数 $(f\circ g)(x)$ の逆関数が $(f\circ g)^{-1}(x)=\dfrac{4x+2}{x-3}$ となるように，a, b, c の値を定めよ。 〈東北学院大〉

(2) $f(x)=\begin{cases}2x & (0\leqq x\leqq 1)\\ 4-2x & (1\leqq x\leqq 2)\end{cases}$ について，$y=f(f(x))$ のグラフをかけ。 〈近畿大〉

解 (1) $(f\circ g)(x)=f(g(x))=2g(x)+1$ より

$$y=2\cdot\frac{ax+b}{x-c}+1$$
$$=\frac{2ax+2b+x-c}{x-c}$$
$$=\frac{(2a+1)x+2b-c}{x-c}\ \cdots\cdots①$$

> $f(g(x))$ は $f(x)=2x+1$ の x のかわりに $g(x)$ を代入する

$(f\circ g)^{-1}(x)=\dfrac{4x+2}{x-3}$ だから

> $(f\circ g)^{-1}(x)=\dfrac{4x+2}{x-3}$ の逆関数を求めると $(f\circ g)(x)$ になる

この逆関数 $(f\circ g)(x)$ は

$y=\dfrac{4x+2}{x-3}$ とおいて $(x-3)y=4x+2$

$(y-4)x=3y+2$ より $x=\dfrac{3y+2}{y-4}$

x と y を入れかえて

$y=(f\circ g)(x)=\dfrac{3x+2}{x-4}$ これが①と等しいから

> 分母の x の係数が等しいから他の係数を等しくおける

$2a+1=3$, $2b-c=2$, $c=4$

これより，$a=1$, $b=3$, $c=4$ ——(答)

(2) $y=f(x)$ のグラフは右図のようになる。

> 使われる関数 $f(x)$ とこの x に代入する $f(x)$ をグラフから読みとる

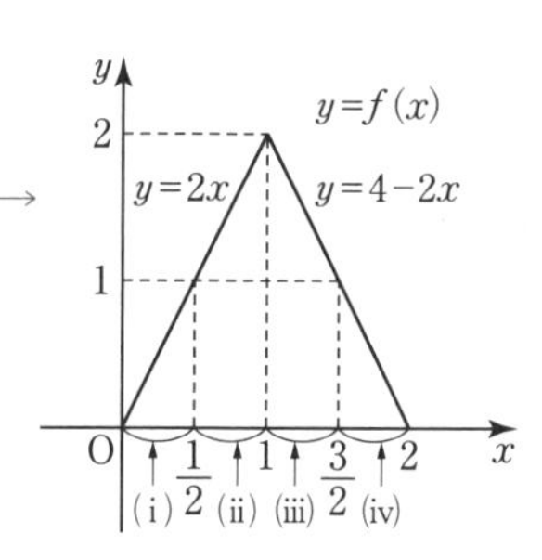

(i) $0\leqq x\leqq \dfrac{1}{2}$ のとき，$0\leqq f(x)\leqq 1$ だから

$f(f(x))=2(2x)=4x$

(ii) $\dfrac{1}{2}\leqq x\leqq 1$ のとき，$1\leqq f(x)\leqq 2$ だから

$f(f(x))=4-2(2x)=4-4x$

(iii) $1\leqq x\leqq \dfrac{3}{2}$ のとき，$1\leqq f(x)\leqq 2$ だから

$f(f(x))=4-2(4-2x)=4x-4$

(iv) $\dfrac{3}{2}\leqq x\leqq 2$ のとき，$0\leqq f(x)\leqq 1$ だから

$f(f(x))=2(4-2x)=-4x+8$

(i)〜(iv)を図示すると右図のようになる。

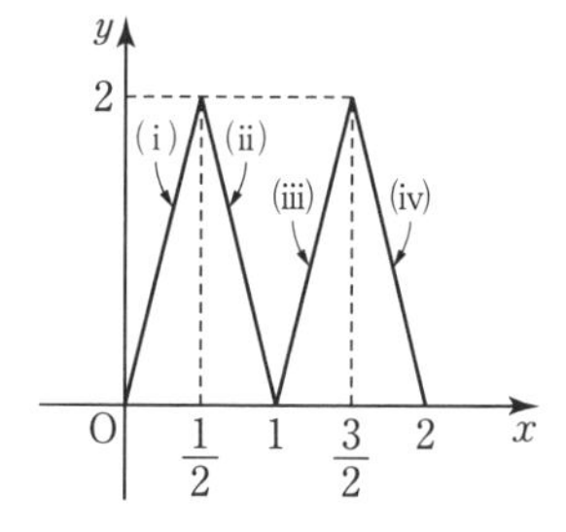

◇マスター問題

a, b, c を定数とし，$f(x)=\dfrac{ax+b}{c-2x}$, $g(x)=x-1$ とする。合成関数 $(f\circ g)(x)$ の逆関数が $(f\circ g)^{-1}(x)=\dfrac{3x-5}{2x+5}$ であるとき，a, b, c の値を求めよ。〈千葉工大〉

◇チャレンジ問題

関数 $f(x)=\begin{cases} 2x & \left(0 \leqq x \leqq \dfrac{1}{2}\right) \\ 2-2x & \left(\dfrac{1}{2} \leqq x \leqq 1\right) \end{cases}$ について，次の問いに答えよ。

(1) $y=f(x)$ のグラフをかけ。

(2) $f(f(\alpha))=\alpha$ を満たす α を求めよ。ただし，$\dfrac{1}{2}<\alpha<\dfrac{3}{4}$ とする。〈大阪電通大〉

5　数列とその極限(I)

❖ 数列の極限／無限級数の極限 ❖

(1)　極限値 $\lim_{n\to\infty}(\sqrt{n^2+n}-\sqrt{n^2-n})$ を求めよ。　〈明治大〉

(2)　$\lim_{n\to\infty}\dfrac{n^3}{2^2+4^2+\cdots\cdots+(2n)^2}$ の値を求めよ。　〈大阪工大〉

(3)　$\lim_{n\to\infty}\sum_{k=1}^{n}\dfrac{1}{k(k+2)}$ の値を求めよ。　〈会津大〉

解 (1)　$\lim_{n\to\infty}(\sqrt{n^2+n}-\sqrt{n^2-n})$ ← このままだと“∞ − ∞”となり求まらないから有理化を考える

$$=\lim_{n\to\infty}\frac{(\sqrt{n^2+n}-\sqrt{n^2-n})(\sqrt{n^2+n}+\sqrt{n^2-n})}{(\sqrt{n^2+n}+\sqrt{n^2-n})}$$

← 分子の $\sqrt{\ }$ がはずれるように分母，分子に $(\sqrt{n^2+n}+\sqrt{n^2-n})$ を掛けて有理化する

$$=\lim_{n\to\infty}\frac{n^2+n-(n^2-n)}{\sqrt{n^2+n}+\sqrt{n^2-n}}$$

$$=\lim_{n\to\infty}\frac{2n}{\sqrt{n^2+n}+\sqrt{n^2-n}}$$

← 分子，分母を n で割る。ただし $\sqrt{\ }$ の中は n^2 で割る

$$=\lim_{n\to\infty}\frac{2}{\sqrt{1+\frac{1}{n}}+\sqrt{1-\frac{1}{n}}}=\frac{2}{1+1}=1 \text{ ——(答)}$$

(2)　$2^2+4^2+\cdots\cdots+(2n)^2=\sum_{k=1}^{n}4k^2$ ← まず，分母を計算する

$$=4\cdot\frac{1}{6}n(n+1)(2n+1)$$

$$=\frac{1}{3}(4n^3+6n^2+2n)$$

$$(\text{与式})=\lim_{n\to\infty}\frac{3n^3}{4n^3+6n^2+2n}$$

← 分母，分子の最高次の項 n^3 で割る

$$=\lim_{n\to\infty}\frac{3}{4+\frac{6}{n}+\frac{2}{n^2}}=\frac{3}{4}$$

⬅分母を展開しないでもできる

$$\lim_{n\to\infty}\frac{3n^3}{2n(n+1)(2n+1)}=\lim_{n\to\infty}\frac{3}{2\cdot1\cdot\left(1+\frac{1}{n}\right)\left(2+\frac{1}{n}\right)}=\frac{3}{4}$$

(3)　$\sum_{k=1}^{n}\dfrac{1}{k(k+2)}=\sum_{k=1}^{n}\dfrac{1}{2}\left(\dfrac{1}{k}-\dfrac{1}{k+2}\right)$

$$=\frac{1}{2}\left\{\left(1-\frac{1}{3}\right)+\left(\frac{1}{2}-\frac{1}{4}\right)+\left(\frac{1}{3}-\frac{1}{5}\right)+\cdots+\left(\frac{1}{n-1}-\frac{1}{n+1}\right)+\left(\frac{1}{n}-\frac{1}{n+2}\right)\right\}$$

前が 2 項残るから後も 2 項残る

よって，$\lim_{n\to\infty}\sum_{k=1}^{n}\dfrac{1}{k(k+2)}=\lim_{n\to\infty}\dfrac{1}{2}\left(1+\dfrac{1}{2}-\dfrac{1}{n+1}-\dfrac{1}{n+2}\right)$

$$=\frac{1}{2}\left(1+\frac{1}{2}\right)=\frac{3}{4} \text{ ——(答)}$$

← 計算しなくても $n\to\infty$ を考えることができる

◇マスター問題

(1)　極限値 $\displaystyle\lim_{n\to\infty}\frac{1}{\sqrt{n^2+2n}-\sqrt{n^2-2n}}$ を求めよ。　〈東海大〉

(2)　極限値 $\displaystyle\lim_{n\to\infty}\left(\frac{1}{n^2}+\frac{4}{n^2}+\frac{7}{n^2}+\cdots\cdots+\frac{3n-2}{n^2}\right)$ を求めよ。　〈山形大〉

◇チャレンジ問題

次の極限値を求めよ。

(1)　$\displaystyle\lim_{n\to\infty}\left\{\log_3(1^2+2^2+\cdots+n^2)-\log_3 n^3\right\}$　〈東京電機大〉

(2)　$\displaystyle\sum_{n=1}^{\infty}\frac{n}{(4n^2-1)^2}$　〈芝浦工大〉

6 数列とその極限(II)

❖ 無限級数の極限，数列 $\{r^n\}$ の極限 ❖

(1) 無限級数 $\displaystyle\sum_{n=1}^{\infty}\frac{5^{n+1}-3^{n+1}}{15^n}$ の和を求めよ。〈岡山理科大〉

(2) r を定数とするとき，$\displaystyle\lim_{n\to\infty}\frac{r^{n+1}-1}{r^n+1}$ $(r \neq -1)$ の極限を求めよ。〈北海道工大〉

解 (1) $\displaystyle\sum_{n=1}^{\infty}\frac{5^{n+1}-3^{n+1}}{15^n}=\sum_{n=1}^{\infty}\left(\frac{5^{n+1}}{15^n}-\frac{3^{n+1}}{15^n}\right)$

$\displaystyle=\sum_{n=1}^{\infty}\left\{5\left(\frac{5}{15}\right)^n-3\left(\frac{3}{15}\right)^n\right\}=\sum_{n=1}^{\infty}\left\{5\left(\frac{1}{3}\right)^n-3\left(\frac{1}{5}\right)^n\right\}$

> 収束することを示さないで $\displaystyle\sum_{n=1}^{\infty}\frac{5^{n+1}}{15^n}-\sum_{n=1}^{\infty}\frac{3^{n+1}}{15^n}$ と分けることはできない

$\left(\frac{1}{3}\right)^n$，$\left(\frac{1}{5}\right)^n$ について，$\left|\frac{1}{3}\right|<1$，$\left|\frac{1}{5}\right|<1$ だから収束する。

よって，

$$(\text{与式})=\sum_{n=1}^{\infty}5\left(\frac{1}{3}\right)^n-\sum_{n=1}^{\infty}3\left(\frac{1}{5}\right)^n$$

$$=5\cdot\frac{\frac{1}{3}}{1-\frac{1}{3}}-3\cdot\frac{\frac{1}{5}}{1-\frac{1}{5}}=\frac{7}{4}$$ ——(答)

> $\displaystyle\sum_{n=1}^{\infty}ar^{n-1}$ $(a \neq 1)$
> $|r|<1$ のとき，収束 $\dfrac{a}{1-r}$
> $|r|\geqq 1$ のとき，発散

(2) (i) $|r|<1$ のとき，$\displaystyle\lim_{n\to\infty}r^n=0$ だから

$$\lim_{n\to\infty}\frac{r^{n+1}-1}{r^n+1}=\frac{0-1}{0+1}=-1$$

(ii) $|r|>1$ のとき，$\displaystyle\lim_{n\to\infty}\frac{1}{r^n}=0$ だから

$$\lim_{n\to\infty}\frac{r^{n+1}-1}{r^n+1}=\lim_{n\to\infty}\frac{r-\frac{1}{r^n}}{1+\frac{1}{r^n}}=r$$

> $r^n\to\infty$ のとき r^n で分母，分子を割る

(iii) $r=1$ のとき，$\displaystyle\lim_{n\to\infty}r^n=1$ だから

$$\lim_{n\to\infty}\frac{r^{n+1}-1}{r^n+1}=\frac{1-1}{1+1}=0$$

これより

$$\lim_{n\to\infty}\frac{r^{n+1}-1}{r^n+1}=\begin{cases}-1 & (|r|<1)\\ r & (|r|>1)\\ 0 & (r=1)\end{cases}$$ ——(答)

> **$\{r^n\}$ の極限**
> $\{r^n\}$ に関する極限は，(i)〜(iv)の4通りに場合分けをして求める。
> (i) $|r|<1$ のとき
> $\displaystyle\lim_{n\to\infty}r^n=0$
> (ii) $|r|>1$ のとき
> $\displaystyle\lim_{n\to\infty}r^n=\infty$ $(r>1)$
> $\displaystyle\lim_{n\to\infty}r^n=\pm\infty$ に振動 $(r<-1)$
> (iii) $r=1$ のとき
> $\displaystyle\lim_{n\to\infty}r^n=1$
> (iv) $r=-1$ のとき
> $\displaystyle\lim_{n\to\infty}r^n=\pm 1$ に振動

◇マスター問題

(1)　次の無限級数の和を求めよ。

(i)　$\displaystyle\sum_{n=1}^{\infty}\frac{3^{n+1}-2^{n+1}}{6^n}$　〈湘南工科大〉　(ii)　$\displaystyle\sum_{n=1}^{\infty}\frac{3^{2-n}-(-1)^n}{2^{3n+1}}$　〈奈良県立医大〉

(2)　r を定数とするとき，$\displaystyle\lim_{n\to\infty}\frac{r^n+3}{r^{n+1}+1}$ $(r\neq-1)$ の極限を調べよ。　〈関西学院大〉

◆チャレンジ問題

$\displaystyle\lim_{n\to\infty}\frac{3^n}{(r-2)^{n+1}}$ の極限を調べよ。ただし，r は $r\neq2$ の定数とする。　〈秋田大〉

7　漸化式と極限

漸化式の一般項とその極限

$a_1=0$，$a_2=1$，$a_{n+2}=\frac{1}{4}(a_{n+1}+3a_n)$ $(n=1,\ 2,\ 3,\ \cdots\cdots)$ で定義される数列 $\{a_n\}$ について，次の各問いに答えよ。

(1) $b_n=a_{n+1}-a_n$ $(n=1,\ 2,\ 3,\ \cdots\cdots)$ とおくとき，数列 $\{b_n\}$ の一般項 b_n を n を用いて表せ。

(2) 数列 $\{a_n\}$ の一般項 a_n を n を用いて表せ。

(3) 極限値 $\lim_{n\to\infty}a_n$ を求めよ。　〈宮崎大〉

解 (1) $a_{n+2}-a_{n+1}=\frac{1}{4}(a_{n+1}+3a_n)-a_{n+1}$

両辺から a_{n+1} を引いて階差をとってみる

$$a_{n+2}-a_{n+1}=-\frac{3}{4}(a_{n+1}-a_n)$$

$b_n=a_{n+1}-a_n$ とおくと　← $b_{n+1}=a_{n+2}-a_{n+1}$

$b_{n+1}=-\frac{3}{4}b_n$　← 数列 $\{b_n\}$ は公比 $-\frac{3}{4}$ の等比数列

ここで，$b_1=a_2-a_1=1-0=1$

よって，$b_n=1\cdot\left(-\frac{3}{4}\right)^{n-1}$ より　$b_n=\left(-\frac{3}{4}\right)^{n-1}$ ――(答)

(2) $a_{n+1}-a_n=\left(-\frac{3}{4}\right)^{n-1}$ より

$a_{n+1}-a_n=f(n)$（階差型の漸化式）
$n\geqq 2$ のとき $a_n=a_1+\sum_{k=1}^{n-1}f(k)$
($n=1$ のときにも成り立つ)

$n\geqq 2$ のとき

$$a_n=a_1+\sum_{k=1}^{n-1}\left(-\frac{3}{4}\right)^{k-1}$$

$$=0+\frac{1-\left(-\frac{3}{4}\right)^{n-1}}{1-\left(-\frac{3}{4}\right)}=\frac{4}{7}\left\{1-\left(-\frac{3}{4}\right)^{n-1}\right\}$$

これは，$a_1=0$ だから $n=1$ のときも成り立つ。

よって，$a_n=\frac{4}{7}\left\{1-\left(-\frac{3}{4}\right)^{n-1}\right\}$ ――(答)

(3) $\lim_{n\to\infty}a_n=\lim_{n\to\infty}\frac{4}{7}\left\{1-\left(-\frac{3}{4}\right)^{n-1}\right\}$

$\left|-\frac{3}{4}\right|<1$ だから　$\lim_{n\to\infty}\left(-\frac{3}{4}\right)^{n-1}=0$

$|公比|<1$ であることを必ず押さえる

よって，$\lim_{n\to\infty}a_n=\frac{4}{7}$ ――(答)

$\{r^n\}$ の極限

(i) $|r|<1$ のとき　$\lim_{n\to\infty}r^n=0$

(ii) $|r|>1$ のとき
$\lim_{n\to\infty}r^n=\infty$ $(r>1)$
$\lim_{n\to\infty}r^n=\pm\infty$ に振動 $(r<-1)$

(iii) $r=1$ のとき　$\lim_{n\to\infty}r^n=1$

(iv) $r=-1$ のとき
$\lim_{n\to\infty}r^n=\pm 1$ に振動

◆マスター問題

次の条件で定められる数列 $\{a_n\}$ について，$\lim_{n \to \infty} a_n$ の値を求めよ。

(1) $a_1 = 0$，$3a_{n+1} = a_n + 2$ $(n = 1,\ 2,\ 3,\ \cdots)$ 〈高知女子大〉

(2) $a_1 = 1$，$a_2 = 3$，$4a_{n+2} = 5a_{n+1} - a_n$ $(n = 1,\ 2,\ 3,\ \cdots)$ 〈東京理科大〉

◆チャレンジ問題

次の条件によって定められる数列 $\{a_n\}$ がある。

$$a_1 = 1,\ a_{n+1} = a_n{}^2 - a_n + \frac{3}{4}\quad (n = 1,\ 2,\ 3,\ \cdots)$$

(1) $b_n = a_n - \dfrac{1}{2}$ とおくとき，初項 b_1 の値を求め，さらに b_{n+1} を b_n で表せ。

(2) (1)で定められた数列 $\{b_n\}$ の一般項を求め，$\lim_{n \to \infty} a_n$ を求めよ。 〈山口大〉

8 関数の極限

❖ 関数の極限 ❖

次の極限値を求めよ。

(1) $\displaystyle\lim_{x\to1}\frac{x^2-3x+2}{x^2-5x+4}$ 〈芝浦工大〉　(2) $\displaystyle\lim_{x\to4}\frac{\sqrt{x+5}-3}{x-4}$ 〈京都産業大〉

(3) $\displaystyle\lim_{x\to-\infty}(\sqrt{x^2+3x}+x)$ 〈中部大〉

解 (1) $\displaystyle\lim_{x\to1}\frac{x^2-3x+2}{x^2-5x+4}=\lim_{x\to1}\frac{(x-1)(x-2)}{(x-1)(x-4)}=\frac{1}{3}$

$x\to1$ で（分母）→0，（分子）→0 だから分母，分子を因数分解する。因数として $(x-1)$ が出てくる

(2) $\displaystyle\lim_{x\to4}\frac{\sqrt{x+5}-3}{x-4}$

$x\to4$ で分母→0，分子→0 だから分子の $\sqrt{\ }$ がなくなるように変形する。数列の極限(1)と同様

$$=\lim_{x\to4}\frac{(\sqrt{x+5}-3)(\sqrt{x+5}+3)}{(x-4)(\sqrt{x+5}+3)}$$

$$=\lim_{x\to4}\frac{x+5-9}{(x-4)(\sqrt{x+5}+3)}$$

$$=\lim_{x\to4}\frac{(x-4)}{(x-4)(\sqrt{x+5}+3)}=\frac{1}{\sqrt{9}+3}$$

$$=\frac{1}{6}$$ ——(答)

関数の極限と変形

$\dfrac{\infty}{\infty}$：x の最高次の項で割る

$\dfrac{0}{0}$：分母，分子の約分

$\sqrt{\ }$ がある式：有理化する

(3) $x=-t$ とおくと $x\to-\infty$ で $t\to\infty$ だから

$x\to-\infty$ は考えづらいから，$x=-t$ とおいて $t\to\infty$ の式にする

$$\lim_{x\to-\infty}(\sqrt{x^2+3x}+x)$$

x に $-t$ を代入して t の式にする

$$=\lim_{t\to\infty}(\sqrt{(-t)^2+3(-t)}-t)$$

$$=\lim_{t\to\infty}(\sqrt{t^2-3t}-t)$$

$\infty-\infty$ となるので(2)と同様の変形

$$=\lim_{t\to\infty}\frac{(\sqrt{t^2-3t}-t)(\sqrt{t^2-3t}+t)}{\sqrt{t^2-3t}+t}$$

数列の極限(1)と同様の変形

$$=\lim_{t\to\infty}\frac{t^2-3t-t^2}{\sqrt{t^2-3t}+t}=\lim_{t\to\infty}\frac{-3t}{\sqrt{t^2-3t}+t}$$

分母，分子を t で割る
$\sqrt{\ }$ の中は t^2 で割る

$$=\lim_{t\to\infty}\frac{-3}{\sqrt{1-\frac{3}{t}}+1}=\frac{-3}{1+1}=-\frac{3}{2}$$ ——(答)

◇マスター問題

次の極限値を求めよ。

(1) $\displaystyle\lim_{x\to-2}\frac{21x+42}{x^2+7x+10}$ 〈国士舘大〉

(2) $\displaystyle\lim_{x\to2}\frac{\sqrt{x+7}-3}{x-2}$ 〈東京工科大〉

(3) $\displaystyle\lim_{x\to1}\frac{\sqrt[3]{x}-1}{x-1}$ 〈京都産業大〉

(4) $\displaystyle\lim_{x\to0}\frac{16^x-1}{4^x-1}$ 〈明治大〉

◆チャレンジ問題

次の極限値を求めよ。

(1) $\displaystyle\lim_{x\to-\infty}\frac{\sqrt{x^2+x+1}}{x}$ 〈関西大〉

(2) $\displaystyle\lim_{x\to0}\left(\sqrt{\frac{1}{x^2}+\frac{2}{x}}-\sqrt{\frac{1}{x^2}-\frac{2}{x}}\right)$ 〈小樽商大〉

9 関数の極限と係数決定

極限と係数決定

次の等式が成り立つように，定数 a，b の値を定めよ。

(1) $\displaystyle\lim_{x\to 2}\frac{x^2+ax+12}{x^2-5x+6}=b$ 〈日本女子大〉

(2) $\displaystyle\lim_{x\to\infty}(\sqrt{x^2+ax}-bx-1)=3$ 〈東北学院大〉

解 (1) $x\to 2$ のとき（分母）$\to 0$ だから
$x\to 2$ のとき（分子）$\to 0$ である。

> $\displaystyle\lim_{x\to a}$（分母）$=0$ のとき
> 極限値をもつためには
> $\displaystyle\lim_{x\to a}$（分子）$=0$ である
> （必要条件）

$$\lim_{x\to 2}(x^2+ax+12)=4+2a+12=0$$

よって，$a=-8$

このとき

$$\lim_{x\to 2}\frac{x^2-8x+12}{x^2-5x+6}=\lim_{x\to 2}\frac{(x-2)(x-6)}{(x-2)(x-3)}$$

> $x\to 2$ で（分母），（分子）$\to 0$ だからどちらも
> $x-2$ を因数にもって，約分できる

$$=\frac{2-6}{2-3}=4$$

ゆえに，$a=-8$，$b=4$ ——（答）

(2) (i) $b\leqq 0$ のとき

$$\lim_{x\to\infty}x\left(\sqrt{1+\frac{a}{x}}-b-\frac{1}{x}\right)=\infty$$

となり適さない。

> $\displaystyle\lim_{x\to\infty}(\sqrt{x^2+ax}-bx-1)$
> の式から $b\leqq 0$ のときは ∞ に
> 発散する。このことを示しておく

(ii) $b>0$ のとき

$$\lim_{x\to\infty}(\sqrt{x^2+ax}-bx-1)$$

$$=\lim_{x\to\infty}\frac{\{\sqrt{x^2+ax}-(bx+1)\}\{\sqrt{x^2+ax}+(bx+1)\}}{\sqrt{x^2+ax}+bx+1}$$

> 分子を有理化する

$$=\lim_{x\to\infty}\frac{x^2+ax-(bx+1)^2}{\sqrt{x^2+ax}+bx+1}=\lim_{x\to\infty}\frac{(1-b^2)x^2+(a-2b)x-1}{\sqrt{x^2+ax}+bx+1}$$

> $\dfrac{\infty}{\infty}$ の形なので，分母の最高次の
> 項 $\sqrt{x^2}=x$ で分母分子を割る

$$=\lim_{x\to\infty}\frac{(1-b^2)x+(a-2b)-\dfrac{1}{x}}{\sqrt{1+\dfrac{a}{x}}+b+\dfrac{1}{x}}$$

極限値をもつためには $1-b^2=0$

> x の係数 $1-b^2$ が 0 にならないと，
> ∞ に発散してしまう

$b>0$ より $b=1$ ——（答）

このとき（与式）$=\dfrac{a-2\cdot 1}{1+1}=\dfrac{a-2}{2}$

$\dfrac{a-2}{2}=3$ より $a=8$ ——（答）

◇マスター問題

次の等式が成り立つように，定数 a，b の値を定めよ。

(1) $\lim_{x \to 1} \frac{x^2 + ax + b}{x^2 + x - 2} = 2$ 〈北見工大〉

(2) $\lim_{x \to -1} \frac{a\sqrt{x+5} - b}{x+1} = 1$ 〈関東学院大〉

◇チャレンジ問題

次の等式が成り立つように，定数 a，b の値を定めよ。

$\lim_{x \to \infty} \left\{ \sqrt{x^2 - 1} - (ax + b) \right\} = 2$ 〈大阪工大〉

10 三角関数の極限

❖ $\displaystyle\lim_{x\to 0}\frac{\sin x}{x}=1$ の利用 ❖

(1) $\displaystyle\lim_{x\to 0}\frac{1-\cos x}{x^2}$ を求めよ。　(2) $\displaystyle\lim_{x\to 0}\frac{1}{x}\tan 2x$ を求めよ。　〈高知女子大〉

(3) $\displaystyle\lim_{x\to\frac{\pi}{2}}\frac{ax+b}{\cos x}=3$ が成り立つとき，定数 a，b の値を求めよ。　〈茨城大〉

解 (1) $\displaystyle\lim_{x\to 0}\frac{1-\cos x}{x^2}=\lim_{x\to 0}\frac{(1-\cos x)(1+\cos x)}{x^2(1+\cos x)}$ ← $1-\cos x$ に対して $1+\cos x$ を分母，分子に掛ける

$\displaystyle=\lim_{x\to 0}\frac{1-\cos^2 x}{x^2(1+\cos x)}=\lim_{x\to 0}\frac{\sin^2 x}{x^2(1+\cos x)}$

$\displaystyle=\lim_{x\to 0}\left(\frac{\sin x}{x}\right)^2\cdot\frac{1}{1+\cos x}$ ← $\dfrac{\sin x}{x}$ の形をきちんと示す

$\displaystyle=1\cdot\frac{1}{1+1}=\frac{1}{2}$ ――(答)

(2) $\displaystyle\lim_{x\to 0}\frac{1}{x}\tan 2x=\lim_{x\to 0}\frac{\sin 2x}{x\cos 2x}$

$\displaystyle=\lim_{x\to 0}2\cdot\frac{\sin 2x}{2x}\cdot\frac{1}{\cos 2x}$ ← $x\to 0$ のとき $\cos 2x\to 1$

$=2\cdot 1\cdot 1$

$=2$ ――(答)

$2x$ を合わせれば $\displaystyle\lim_{●\to 0}\frac{\sin ●}{●}=1$ が使える

(3) $x\to\dfrac{\pi}{2}$ のとき，(分母)$\to 0$ だから

$x\to\dfrac{\pi}{2}$ のとき (分子)$\to 0$ である。

よって，$\displaystyle\lim_{x\to\frac{\pi}{2}}(ax+b)=\frac{\pi}{2}a+b=0$ より　$b=-\dfrac{\pi}{2}a$

このとき，$x-\dfrac{\pi}{2}=t$ とおくと $x\to\dfrac{\pi}{2}$ で $t\to 0$

$x\to\dfrac{\pi}{2}$ を $t\to 0$ に変換して，$\displaystyle\lim_{t\to 0}\frac{\sin t}{t}=1$ が使えるようにする

$x=\dfrac{\pi}{2}+t$

$\displaystyle\lim_{x\to\frac{\pi}{2}}\frac{ax+b}{\cos x}=\lim_{t\to 0}\frac{a\left(\frac{\pi}{2}+t\right)-\frac{\pi}{2}a}{\cos\left(\frac{\pi}{2}+t\right)}$

$\displaystyle=\lim_{t\to 0}\frac{at}{-\sin t}=\lim_{t\to 0}\left(-a\cdot\frac{t}{\sin t}\right)=-a$

$\displaystyle\lim_{t\to 0}\frac{1}{\frac{\sin t}{t}}=\frac{1}{1}=1$

$-a=3$　より　$a=-3$，$b=\dfrac{3}{2}\pi$

ゆえに，$a=-3$，$b=\dfrac{3}{2}\pi$ ――(答)

◆マスター問題

(1) 次の極限値を求めよ。

(i) $\displaystyle\lim_{x\to 0}\frac{\sin^3 x}{x(1-\cos x)}$ 〈順天堂大〉　(ii) $\displaystyle\lim_{x\to 0}\frac{1-\cos 2x}{x\tan x}$ 〈関西大〉

(2) 等式 $\displaystyle\lim_{x\to\frac{\pi}{6}}\frac{\sin\left(2x-\frac{\pi}{3}\right)}{ax-b}=1$ が成り立つとき，定数 a，b の値を求めよ。 〈東京都市大〉

◆チャレンジ問題

次の極限値を求めよ。

(1) $\displaystyle\lim_{x\to 0}\frac{2\tan x}{\sqrt{3x+1}-1}$ 〈鹿児島大〉　(2) $\displaystyle\lim_{x\to 0}\frac{\sin\left(\sin\frac{x}{\pi}\right)}{x}$ 〈関西大〉

11　e に関する極限値

❖ $\lim_{h\to 0}(1+h)^{\frac{1}{h}}=e$ の利用 ❖

次の極限値を求めよ。

(1) $\lim_{x\to\infty}\left(1+\dfrac{2}{x}\right)^x$　　(2) $\lim_{x\to 0}\dfrac{e^x-1}{x}$　　〈香川大〉

解 (1) $\lim_{x\to\infty}\left(1+\dfrac{2}{x}\right)^x$ において

$\dfrac{2}{x}=t$ とおくと

$\lim_{h\to 0}(1+h)^{\frac{1}{h}}=e$ が利用できるように $\dfrac{2}{x}=t$ とおいて変形する

$x\to\infty$ で，$t\to 0$　だから

$x=\dfrac{2}{t}$

$$\lim_{x\to\infty}\left(1+\frac{2}{x}\right)^x=\lim_{t\to 0}(1+t)^{\frac{2}{t}}=\lim_{t\to 0}\{(1+t)^{\frac{1}{t}}\}^2=e^2 \text{ ———(答)}$$

$\dfrac{2}{x}=t$

(2) $e^x-1=t$ とおくと，$e^x=1+t$

$x\to 0$ で $e^x-1\to e^0-1=0$ となるから，0となる式 e^x-1 を t とおく

$x\to 0$ で $e^x\to 1$ だから $t\to 0$

$e^x=1+t$ の両辺の自然対数をとると

$\log e^x=\log(1+t)$ より $x=\log(1+t)$

x を t で表すために自然対数をとる

$e^x-1=t$　　$\times\dfrac{1}{t}$

$$\lim_{x\to 0}\frac{e^x-1}{x}=\lim_{x\to 0}\frac{t}{\log(1+t)}=\lim_{t\to 0}\frac{1}{\dfrac{1}{t}\log(1+t)}$$

$x=\log_e(1+t)$　　$\times\dfrac{1}{t}$

$\lim_{h\to 0}(1+h)^{\frac{1}{h}}=e$ の形を目指して変形を考える

$$=\lim_{t\to 0}\frac{1}{\log(1+t)^{\frac{1}{t}}}=\frac{1}{\log e}=1 \text{ ———(答)}$$

別解　$f(x)=e^x$ とすると

$e^0=1$

$$\lim_{x\to 0}\frac{e^x-1}{x}=\lim_{x\to 0}\frac{e^x-e^0}{x-0}=f'(0)$$

$x=x-0$

微分係数の定義式 $f'(a)=\lim_{x\to a}\dfrac{f(x)-f(a)}{x-a}$ の形になるように変形

ここで，$f'(x)=e^x$ だから　$f'(0)=1$

よって，$\lim_{x\to 0}\dfrac{e^x-1}{x}=1$ ———(答)

◇マスター問題

次の極限値を求めよ。

(1) $\displaystyle\lim_{x\to\infty}\left(1+\frac{3}{x}\right)^{x}$

(2) $\displaystyle\lim_{x\to 0}(1-3x)^{\frac{1}{2x}}$ 〈防衛大〉

(3) $\displaystyle\lim_{x\to 1}\frac{\log x}{(x-1)e^{x}}$ 〈富山大〉

(4) $\displaystyle\lim_{x\to 2}\frac{1}{x-2}\log\frac{x}{2}$ 〈京都産業大〉

◇チャレンジ問題

次の極限値を求めよ。

(1) $\displaystyle\lim_{x\to 0}\frac{1-\cos 2x}{x\log(1+x)}$ 〈宮崎大〉

(2) $\displaystyle\lim_{n\to\infty}(n+1)^{2}\log\left(1+\frac{1}{n(n+2)}\right)$ 〈高知女子大〉

12 微分法(I)

❖積・商・合成関数の微分❖

次の関数を微分せよ。

(1) $y=(2x^2+1)(3x^2-4x)$　　(2) $y=\dfrac{1-x^2}{1+x^2}$　〈宮崎大〉

(3) $y=\sqrt{x^3+1}$　〈東京都市大〉　(4) $y=\left(\dfrac{2x+1}{x}\right)^3$

解 (1) $y=(2x^2+1)(3x^2-4x)$

$$y'=(2x^2+1)'(3x^2-4x)+(2x^2+1)(3x^2-4x)'$$
$$=4x(3x^2-4x)+(2x^2+1)(6x-4)$$
$$=12x^3-16x^2+12x^3-8x^2+6x-4$$
$$=24x^3-24x^2+6x-4$$ ——(答)

積の微分法
$\{f(x)g(x)\}'=f'(x)g(x)+f(x)g'(x)$

(2) $y=\dfrac{1-x^2}{1+x^2}$

$$y'=\frac{(1-x^2)'(1+x^2)-(1-x^2)(1+x^2)'}{(1+x^2)^2}$$
$$=\frac{-2x(1+x^2)-(1-x^2)\cdot 2x}{(1+x^2)^2}$$
$$=-\frac{4x}{(1+x^2)^2}$$ ——(答)

商の微分法
$\left\{\dfrac{f(x)}{g(x)}\right\}'=\dfrac{f'(x)g(x)-f(x)g'(x)}{\{g(x)\}^2}$

(3) $y=\sqrt{x^3+1}=(x^3+1)^{\frac{1}{2}}$ ← 累乗根を指数で表す

$$y'=\frac{1}{2}(x^3+1)^{-\frac{1}{2}}(x^3+1)'$$
$$=\frac{3x^2}{2\sqrt{x^3+1}}$$ ——(答)

合成関数の微分法
$(\{f(x)\}^r)'=r\{f(x)\}^{r-1}f'(x)$

(4) $y=\left(\dfrac{2x+1}{x}\right)^3$

$$y'=3\left(\frac{2x+1}{x}\right)^2\left(\frac{2x+1}{x}\right)'$$
$$=3\left(\frac{2x+1}{x}\right)^2\cdot\frac{2\cdot x-(2x+1)\cdot 1}{x^2}$$ ← 商の微分
$$=\frac{-3(2x+1)^2}{x^4}$$ ——(答)

◇マスター問題

次の関数を微分せよ。

(1) $y=(x^2-3x)(2x^3+x+2)$

(2) $y=(x+1)\sqrt{2x+3}$ 〈宮崎大〉

(3) $y=\dfrac{x}{1+x+x^2}$ 〈広島市立大〉

(4) $y=\sqrt{x^2+1}$ 〈東海大〉

(5) $y=\left(\dfrac{x}{x^2+1}\right)^3$ 〈小樽商大〉

(6) $y=\dfrac{x}{\sqrt{x^2+1}}$ 〈東京農工大〉

◇チャレンジ問題

関数 $y=\sqrt{x+\sqrt{1+x^2}}$ を微分せよ。 〈明治大〉

13 微分法(II)

❖ 三角・指数・対数関数の微分 ❖

次の関数を微分せよ。

(1) $y=\cos^3 2x$

(2) $y=xe^{x^2}$ 〈信州大〉

(3) $y=\dfrac{e^x}{\sqrt{1+e^{2x}}}$ 〈東海大〉

(4) $y=\log\dfrac{1+\sin x}{\cos x}$ 〈大阪工大〉

解 (1) $y=\cos^3 2x$

$$y'=3\cos^2 2x(\cos 2x)'$$
$$=3\cos^2 2x\cdot(-\sin 2x)\cdot(2x)'$$
$$=-6\cos^2 2x\sin 2x \quad \text{——(答)}$$

$2x$ の微分を忘れない

三角関数の導関数

$(\sin x)'=\cos x$

$(\cos x)'=-\sin x$

$(\tan x)'=\dfrac{1}{\cos^2 x}$

(2) $y=xe^{x^2}$

$$y'=(x)'e^{x^2}+x(e^{x^2})'$$
$$=e^{x^2}+x\cdot 2xe^{x^2}$$
$$=e^{x^2}(1+2x^2) \quad \text{——(答)}$$

指数関数の導関数

$(e^x)'=e^x$

$(e^{f(x)})'=f'(x)e^{f(x)}$

$(a^x)'=a^x\log a$

(3) $y=\dfrac{e^x}{\sqrt{1+e^{2x}}}$

$$y'=\frac{(e^x)'\sqrt{1+e^{2x}}-e^x(\sqrt{1+e^{2x}})'}{(\sqrt{1+e^{2x}})^2}$$
$$=\frac{e^x\sqrt{1+e^{2x}}-e^x\cdot\frac{1}{2}(1+e^{2x})^{-\frac{1}{2}}\cdot 2e^{2x}}{1+e^{2x}}$$
$$=\frac{e^x\sqrt{1+e^{2x}}-e^x(1+e^{2x})^{-\frac{1}{2}}\cdot e^{2x}}{1+e^{2x}}$$
$$=\frac{e^x(1+e^{2x})-e^{3x}}{(1+e^{2x})\sqrt{1+e^{2x}}}=\frac{e^x}{(1+e^{2x})\sqrt{1+e^{2x}}} \quad \text{——(答)}$$

$(1+e^{2x})^{\frac{1}{2}}=\sqrt{1+e^{2x}}$ を分母，分子に掛けて分子の $(1+e^{2x})^{-\frac{1}{2}}$ を払う

対数関数の導関数

$(\log|x|)'=\dfrac{1}{x}$

$(\log|f(x)|)'=\dfrac{f'(x)}{f(x)}$

(4) $y=\log\dfrac{1+\sin x}{\cos x}$

$$=\log(1+\sin x)-\log(\cos x)$$

$\log\dfrac{f(x)}{g(x)}=\log f(x)-\log g(x)$ の差の形にした方が微分しやすくなる

$$y'=\frac{(1+\sin x)'}{1+\sin x}-\frac{(\cos x)'}{\cos x}$$
$$=\frac{\cos x}{1+\sin x}-\frac{-\sin x}{\cos x}$$
$$=\frac{\cos^2 x+(1+\sin x)\sin x}{(1+\sin x)\cos x}$$
$$=\frac{1+\sin x}{(1+\sin x)\cos x}=\frac{1}{\cos x} \quad \text{——(答)}$$

◇マスター問題

次の関数を微分せよ。

(1) $y=(1+\cos x)\sin x$ 〈湘南工科大〉

(2) $y=e^{1+\sin x}$ 〈山梨大〉

(3) $y=x(\log x)^2$ 〈宮崎大〉

(4) $y=\log(x+\sqrt{x^2+1})$ 〈津田塾大〉

(5) $y=x^2\sin(3x+5)$ 〈琉球大〉

(6) $y=\dfrac{e^x-e^{-x}}{e^x+e^{-x}}$ 〈駒沢大〉

◆チャレンジ問題

次の関数を微分せよ。

(1) $y=\dfrac{\tan x}{x^2}$ 〈宮崎大〉

(2) $y=\log\sqrt{\dfrac{1-\cos x}{1+\cos x}}$ 〈明治大〉

14 いろいろな微分法

導関数に関する種々の問題

(1) 関数 $y=(\sqrt{x})^x$ $(x>0)$ の導関数を求めよ。〈東京理科大〉

(2) x と y の関係が $-6x^2+2y^2=1$ で与えられているとき $\dfrac{dy}{dx}$ を求めよ。〈湘南工科大〉

(3) 媒介変数 t を使って $x=2t-\sin t$, $y=2-\cos t$ で表される関数について $\dfrac{dy}{dx}$ を求めよ。〈東北学院大〉

(4) 関数 $y=xe^x$ において $y''-2y'+y=0$ となることを示せ。

解 (1) $y=(\sqrt{x})^x=x^{\frac{x}{2}}$ の両辺の自然対数をとると

$$\log y=\log x^{\frac{x}{2}}=\frac{1}{2}x\log x$$

両辺を x で微分すると

$$\frac{y'}{y}=\frac{1}{2}\left(\log x+x\cdot\frac{1}{x}\right)$$

$$y'=\frac{1}{2}(\log x+1)y$$

よって，$y'=\dfrac{1}{2}(\sqrt{x})^x(\log x+1)$ ――(答)

$(x^{\frac{x}{2}})'=\frac{x}{2}x^{\frac{x}{2}-1}$ は誤り
$(x^r)'=rx^{r-1}$ の公式は
r が実数のときの公式である

y は x の関数だから $(\log y)'$ は合成関数の微分になる。
$(\log y)'=\dfrac{y'}{y}$　$(\log y)'=\dfrac{1}{y}$ としない

(2) $-6x^2+2y^2=1$ の両辺を x で微分すると

$$-12x+4y\frac{dy}{dx}=0$$

よって，$\dfrac{dy}{dx}=\dfrac{3x}{y}$ ――(答)

y は x の関数だから，合成関数の微分になる。
$(2y^2)'=4yy'=4y\dfrac{dy}{dx}$

(3) $x=2t-\sin t$, $y=2-\cos t$ より

$$\frac{dx}{dt}=2-\cos t,\quad \frac{dy}{dt}=\sin t$$

よって，$\dfrac{dy}{dx}=\dfrac{\sin t}{2-\cos t}$ ――(答)

媒介変数で表された関数の微分法
$x=f(t)$, $y=g(t)$ のとき

$$\frac{dy}{dx}=\frac{\frac{dy}{dt}}{\frac{dx}{dt}}=\frac{g'(t)}{f'(t)}$$

(4) $y=xe^x$ より

$$y'=e^x+xe^x=(x+1)e^x$$

$$y''=e^x+(x+1)e^x=(x+2)e^x$$

与式に代入して

$$y''-2y'+y$$
$$=(x+2)e^x-2(x+1)e^x+xe^x$$
$$=(x-2x+x)e^x+(2-2)e^x=0$$

y', y'' を求めて
$y''-2y'+y$ の関係式に代入する

◇マスター問題

(1) 関数 $y=\left(\dfrac{2}{x}\right)^x$ $(x>0)$ の導関数を求めよ。 〈産業医大〉

(2) $x^3+y^3=1$ において，$\dfrac{dy}{dx}=-\dfrac{x^2}{y^2}$ となることを示せ。 〈甲南大〉

(3) 媒介変数 θ で表される関数 $x=e^{\theta}(\sin\theta+\cos\theta)$，$y=e^{\theta}(\sin\theta-\cos\theta)$ について $\dfrac{dy}{dx}$ を求めよ。 〈信州大〉

◇チャレンジ問題

$y=xe^{ax}$ が $y''+4y'+4y=0$ を満たすとき，定数 a の値を求めよ。 〈東京都市大〉

15 接線の方程式

❖ いろいろな曲線の接線 ❖

(1) $y=2\sin 2x$ のグラフ上の点 $\left(\dfrac{\pi}{6},\ \sqrt{3}\right)$ における接線の方程式を求めよ。

〈湘南工科大〉

(2) 曲線 $y=e^{-x}-1$ 上の，x 座標が -1 である点における接線の方程式を求めよ。

〈神奈川工科大〉

(3) 曲線 $y=\log x-1$ に接し，原点を通る直線の方程式を求めよ。 〈東洋大〉

解 (1) $y=2\sin 2x$ より $y'=4\cos 2x$

$x=\dfrac{\pi}{6}$ のとき $y'=4\cos\dfrac{\pi}{3}=2$

接線の方程式は

$$y-\sqrt{3}=2\left(x-\frac{\pi}{6}\right)$$

よって，$y=2x-\dfrac{\pi}{3}+\sqrt{3}$ ——(答)

> **接線の方程式**
> $y-f(a)=f'(a)(x-a)$

> 微分して，y' に接点の x 座標を代入，接線の傾きを求める

(2) $y=e^{-x}-1$ より $y'=-e^{-x}$

$x=-1$ のとき $y=e-1$ だから

接点は $(-1,\ e-1)$

傾きは $x=-1$ のとき $y'=-e$

接線の方程式は

$$y-(e-1)=-e(x+1)$$

よって，$y=-ex-1$ ——(答)

> $x=-1$ のときの y 座標を求めて接点を明らかにする

> $x=-1$ を y' に代入して，接線の傾きを求める

(3) $y=\log x-1$ より $y'=\dfrac{1}{x}$

接点の x 座標を $(t,\ \log t-1)$ とおくと

$x=t$ のとき $y'=\dfrac{1}{t}$ だから

接線の方程式は

$$y-(\log t-1)=\frac{1}{t}(x-t)$$

$$y=\frac{1}{t}x+\log t-2$$

これが原点 $(0,\ 0)$ を通るから

$\log t-2=0$ より $\log t=2$

よって，$t=e^2$

ゆえに，$y=\dfrac{1}{e^2}x$ ——(答)

> 接点がわかっていない接線を求める場合は まず，接点を $(t,\ f(t))$ で表す

> $2=\log e^2$

◆マスター問題

(1) 関数 $f(x)=2x\sin x\left(0\leqq x\leqq\dfrac{\pi}{2}\right)$ について，曲線 $y=f(x)$ 上の点 $\left(\dfrac{\pi}{4},\ f\left(\dfrac{\pi}{4}\right)\right)$ における接線の方程式を求めよ。 〈福岡大〉

(2) 曲線 $y=e^{-2x}$ 上の点 $(a,\ e^{-2a})$ における接線と x 軸の交点の x 座標を b とする。このとき，$b-a$ の値を求めよ。 〈愛知工大〉

◆チャレンジ問題

曲線 $y=\dfrac{\log x}{x}$ $(x>0)$ に接し，原点を通る直線の方程式を求めよ。 〈日本女子大〉

16 共通接線

❖2曲線の共通接線❖

2つの曲線 $C_1: y=a\log x\ (a>0)$, $C_2: y=x^2$ について考える。点 $\mathrm{P}(s,\ a\log s)$ における C_1 の接線を l とするとき，次の問いに答えよ。

(1) l の方程式を求めよ。

(2) l が点Pで C_2 に接しているとき，s と a の値を求めよ。 〈関西大〉

解 (1) $y=a\log x$ より $y'=\dfrac{a}{x}$

$x=s$ のとき $y'=\dfrac{a}{s}$ だから

接線 l の方程式は

$$y-a\log s=\frac{a}{s}(x-s)$$

よって，$y=\dfrac{a}{s}x+a(\log s-1)$ ——(答)

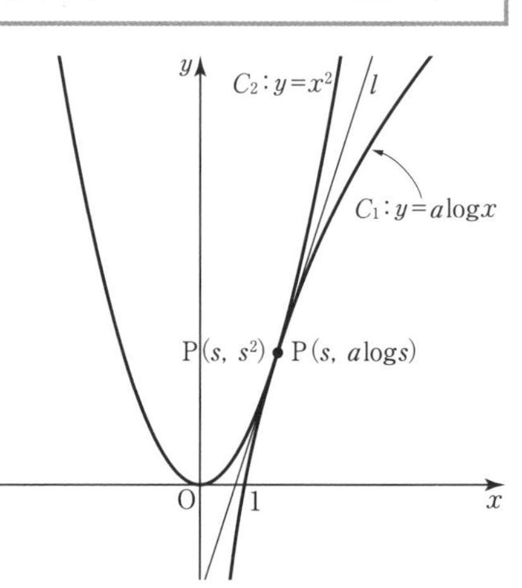

(2) $y=x^2$ より $y'=2x$

点Pにおける C_2 の接線 l の傾きは

$x=s$ を代入して $y'=2s$

C_1 と C_2 の点Pにおける l の傾きが等しいから

$\dfrac{a}{s}=2s$ ……① ←点Pでの接線の傾きが等しい

また，接点の y 座標は等しいから

$a\log s=s^2$ ……② ←接点：$C_1(s,\ \underline{a\log s})$, $C_2(s,\ \underline{s^2})$ 等しい

①より $a=2s^2$，これを②に代入して ←①と②は a と s の連立方程式 a か s の1文字を消去する

$2s^2\log s=s^2$, $\log s=\dfrac{1}{2}$ ←$\dfrac{1}{2}=\log e^{\frac{1}{2}}=\log\sqrt{e}$

よって，$s=\sqrt{e}$

①に代入して $a=2(\sqrt{e})^2=2e$

ゆえに，$s=\sqrt{e}$, $a=2e$ ——(答)

別解 点 $\mathrm{P}(s,\ s^2)$ における C_2 の接線の方程式は $y-s^2=2s(x-s)$ より

$y=2sx-s^2$，これが $y=\dfrac{a}{s}x+a(\log s-1)$ と等しいから

$2s=\dfrac{a}{s}$ ……①, $-s^2=a(\log s-1)$ ……②

として，①，②を解いてもよい。

◇マスター問題

曲線 $y=ax^3$ と曲線 $y=\log x$ が接するように a の値を定めよ。また，接点と共通接線の方程式を求めよ。〈信州大〉

◇チャレンジ問題

曲線 $y=x^2$ を C_1 とし，曲線 $y=-\dfrac{1}{x}\ (x>0)$ を C_2 とする。C_1 と C_2 の両方に接する直線 l の方程式を求めよ。〈徳島大〉

17 関数のグラフ(I)

❖ 分数関数の増減と極値 ❖

$f(x)=\dfrac{x-a}{x^2+x+1}$ について，次の問いに答えよ。

(1) $f(x)$ の導関数を求めよ。

(2) $f(x)$ が $x=-1$ において極値をとるとき，a の値を求めよ。

(3) (2)の a の値のとき，$f(x)$ の増減，極値を調べて，そのグラフをかけ。

〈公立はこだて未来大〉

解 (1) $f(x)=\dfrac{x-a}{x^2+x+1}$ より

$$f'(x)=\frac{1\cdot(x^2+x+1)-(x-a)(2x+1)}{(x^2+x+1)^2}$$

よって，$f'(x)=\dfrac{-x^2+2ax+a+1}{(x^2+x+1)^2}$ ——(答)

> $\left\{\dfrac{f(x)}{g(x)}\right\}'=\dfrac{f'(x)g(x)-f(x)g'(x)}{\{g(x)\}^2}$

(2) $x=-1$ で極値をとるから

$f'(-1)=-1-2a+a+1=0$ より $a=0$

このとき，

$$f'(x)=\frac{-x^2+1}{(x^2+x+1)^2}=-\frac{(x+1)(x-1)}{(x^2+x+1)^2}$$

となり，$x=-1$ の前後で $f'(x)$ の符号が変わるから極値をもつ。

よって，$a=0$ ——(答)

> 関数 $f(x)$ が $x=\alpha$ で極値をとるとき $f'(\alpha)=0$ （必要条件）
> 逆に，$f'(\alpha)=0$ だからといって，$f(x)$ が $x=\alpha$ で極値をもつとは限らない

> 実際に極値をもつかどうかの確認は $f'(\alpha)=0$ のとき，$x=\alpha$ の前後で $f'(x)$ の符号が変わることを示す（十分条件）

(3) $f(x)=\dfrac{x}{x^2+x+1}$，$f'(x)=\dfrac{(x+1)(x-1)}{(x^2+x+1)^2}$ より

$f'(x)=0$ とすると $x=-1,\ 1$

よって，増減表は次のようになる。

x		-1	$\cdots$	1	$\cdots$
$f'(x)$	$-$	0	$+$	0	$-$
$f(x)$	↘	-1	↗	$\frac{1}{3}$	↘

$f(-1)=-1,\ f(1)=\dfrac{1}{3}$

$\displaystyle\lim_{x\to\infty}\frac{x}{x^2+x+1}=0,\ \lim_{x\to-\infty}\frac{x}{x^2+x+1}=0$

> $x\to\infty$，$x\to-\infty$ の極限も調べる
> $\dfrac{x}{x^2+x+1}=\dfrac{\frac{1}{x}}{1+\frac{1}{x}+\frac{1}{x^2}}$

$x=1$ のとき極大値 $\dfrac{1}{3}$

$x=-1$ のとき極小値 -1 ——(答)

グラフは右図のようになる。

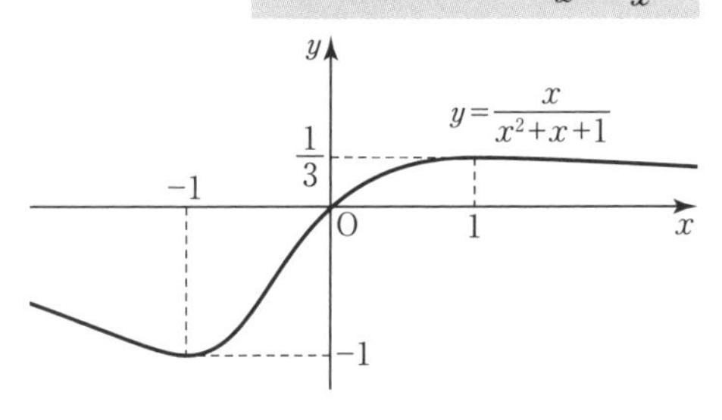

◇マスター問題

関数 $f(x)=\dfrac{2x+a}{x^2+2}$ について，$f(x)$ が $x=1$ で極値をとるとき，定数 a の値を求めよ。また，このとき，$f(x)$ の増減を調べて，$y=f(x)$ のグラフをかけ。〈大阪工大〉

◆チャレンジ問題

関数 $f(x)=x+\sin x$ $(0 \leqq x \leqq 2\pi)$ の増減を調べて，$y=f(x)$ のグラフをかけ。

〈東海大〉

18 関数のグラフ(II)

❖関数の増減と凹凸❖

関数 $y=xe^{-2x}$ を考える。

(1) y', y'' を求めよ。

(2) この関数の $0 \leqq x \leqq 2$ における増減，凹凸を調べ，グラフの概形をかけ。

〈三重大〉

解 (1) $y=xe^{-2x}$ より

$$y'=e^{-2x}+x(-2e^{-2x})$$
$$=(1-2x)e^{-2x} \quad \text{——(答)}$$
$$y''=-2e^{-2x}+(1-2x)(-2e^{-2x})$$
$$=4(x-1)e^{-2x} \quad \text{——(答)}$$

← グラフをかく問題では y', y'' の計算でミスすると終わってしまうから慎重に

(2) $y'=0$ とすると $x=\dfrac{1}{2}$

$y''=0$ とすると $x=1$

よって，増減表は次のようになる。

← $y'=0$, $y''=0$ から増減表をかく上で，分岐点となる x の値を求める。

x	0	…	$\frac{1}{2}$	…	1	…	2
y'		+	0	−	−	−	
y''		−	−	−	0	+	
y	0	↗(上に凸)	$\frac{1}{2e}$	↘(上に凸)	$\frac{1}{e^2}$	↘(下に凸)	$\frac{2}{e^4}$

(極大値) (変曲点)

← 定義域の両端の値と $y'=0$, $y''=0$ となる x の値を左からかく

← y', y'' の正負を判断して，＋−をかく

← ↗，↘の判断は，まず y' の符号から，↗，↘をかき，y'' の符号から凹凸を加えるとよい。

$f(x)=xe^{-2x}$ とおくと

$f(0)=0$, $f\left(\dfrac{1}{2}\right)=\dfrac{1}{2}e^{-1}=\dfrac{1}{2e}$

$f(1)=e^{-2}=\dfrac{1}{e^2}$, $f(2)=2e^{-4}=\dfrac{2}{e^4}$

グラフは下図のようになる。

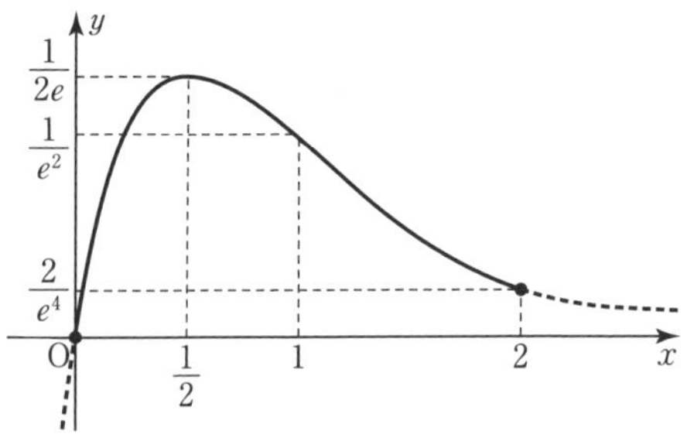

（形をよく見せるため，グラフの縦と横の比は変えてもよい。）

(参考) $\lim_{x\to\infty} xe^{-2x}=0$ より x 軸が漸近線

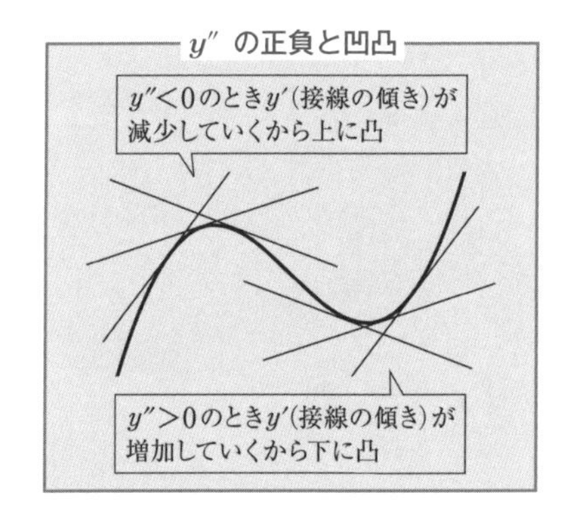

◇マスター問題

次の関数の増減，凹凸を調べ，$y=f(x)$ のグラフの概形をかけ。

$f(x)=xe^x \quad (-3 \leqq x \leqq 0)$ 〈東北学院大〉

◇チャレンジ問題

関数 $f(x)=\dfrac{4x}{x^2+1}$ の増減，極値，グラフの凹凸，変曲点および漸近線を調べ，曲線 $y=f(x)$ の概形をかけ。 〈山梨大〉

19 関数の最大・最小(I)

❖ 対数関数，分数関数の最大値，最小値 ❖

次の関数の最大値と最小値を求めよ。

(1) $f(x)=x^2(\log x-2)\ \left(\dfrac{1}{e}\leqq x\leqq e^2\right)$ 〈岡山理科大〉

(2) $f(x)=\dfrac{x}{x^2+1}$ 〈東京電機大〉

解 (1) $f(x)=x^2(\log x-2)$ より

$$f'(x)=2x(\log x-2)+x^2\cdot\frac{1}{x}$$
$$=x(2\log x-3)$$

$f'(x)=0$ とすると　$x=0,\ e^{\frac{3}{2}}$

よって，増減表は次のようになる。

x	$\dfrac{1}{e}$	$\cdots$	$e^{\frac{3}{2}}$	$\cdots$	e^2
$f'(x)$		$-$	0	$+$	
$f(x)$	$-\dfrac{3}{e^2}$	↘	$-\dfrac{e^3}{2}$	↗	0

$$f\left(\frac{1}{e}\right)=-\frac{3}{e^2},\ f(e^{\frac{3}{2}})=-\frac{e^3}{2},\ f(e^2)=0$$

ゆえに，$x=e^2$ のとき最大値 0

$x=e^{\frac{3}{2}}$ のとき最小値 $-\dfrac{e^3}{2}$ ――(答)

積の微分法
$(uv)'=u'v+uv'$

$2\log x-3=0,\ \log x=\dfrac{3}{2}$
ゆえに　$x=e^{\frac{3}{2}}$

最大値，最小値を求めるだけなら増減表だけで，グラフは必ずしもかかなくてもよい

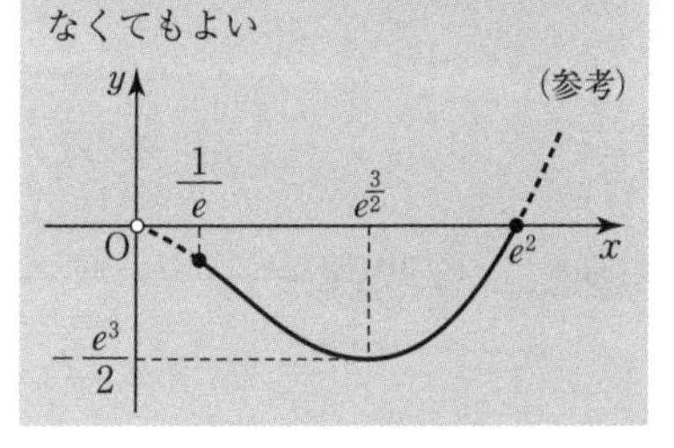

(2) $f(x)=\dfrac{x}{x^2+1}$ より

$$f'(x)=\frac{1\cdot(x^2+1)-x\cdot 2x}{(x^2+1)^2}=-\frac{(x+1)(x-1)}{(x^2+1)^2}$$

$f'(x)=0$ とすると　$x=-1,\ 1$

よって，増減表は次のようになる。

x	$\cdots$	-1	$\cdots$	1	$\cdots$
$f'(x)$	$-$	0	$+$	0	$-$
$f(x)$	↘	$-\dfrac{1}{2}$	↗	$\dfrac{1}{2}$	↘

$$f(-1)=-\frac{1}{2},\ f(1)=\frac{1}{2}$$

$$\lim_{x\to\infty}\frac{x}{x^2+1}=0,\quad \lim_{x\to-\infty}\frac{x}{x^2+1}=0$$

ゆえに，$x=1$ のとき最大値 $\dfrac{1}{2}$

$x=-1$ のとき最小値 $-\dfrac{1}{2}$ ――(答)

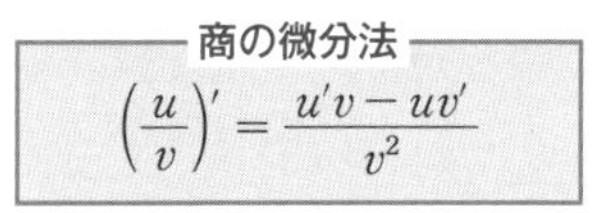

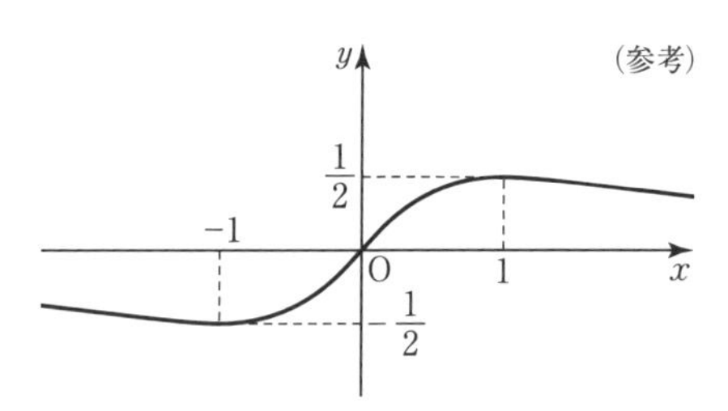

増減表をみて，$x\to\infty$，$x\to-\infty$ を調べる必要があるので求める

$$\frac{x}{x^2+1}=\frac{\frac{1}{x}}{1+\frac{1}{x^2}}$$

◇マスター問題

$0 < x < 1$ で定義された関数 $f(x) = x(\log x)^2$ の最大値を求めよ。 〈茨城大〉

◇チャレンジ問題

関数 $f(x) = \dfrac{3x+4}{x^2+1}$ について，最大値，最小値を求めよ。 〈防衛大〉

20　関数の最大・最小(II)

❖三角関数の最大・最小❖

$0 \leqq x \leqq 2\pi$ で定義された関数 $f(x)=\dfrac{\cos x}{\sqrt{2}+\sin x}$ について，$f(x)$ の増減を調べ，最大値，最小値を求めよ。〈鳥取大〉

解　$f(x)=\dfrac{\cos x}{\sqrt{2}+\sin x}$ より

$$f'(x)=\frac{-\sin x(\sqrt{2}+\sin x)-\cos x\cdot\cos x}{(\sqrt{2}+\sin x)^2}$$

$$=\frac{-\sqrt{2}\sin x-(\sin^2 x+\cos^2 x)}{(\sqrt{2}+\sin x)^2}$$

$$=-\frac{\sqrt{2}\sin x+1}{(\sqrt{2}+\sin x)^2}$$

商の微分法
$$\left(\frac{u}{v}\right)'=\frac{u'v-uv'}{v^2}$$

$f'(x)=0$　とすると　$\sin x=-\dfrac{1}{\sqrt{2}}$

$0 \leqq x \leqq 2\pi$ だから

$x=\dfrac{5}{4}\pi,\ \dfrac{7}{4}\pi$

(参考)

(グラフをかけという問題ではないので必ずしもかかなくてよい。)

よって，増減表は次のようになる。

x	0	$\cdots$	$\frac{5}{4}\pi$	$\cdots$	$\frac{7}{4}\pi$	$\cdots$	2π
$f'(x)$		$-$	0	$+$	0	$-$	
$f(x)$	$\frac{1}{\sqrt{2}}$	↘	-1	↗	1	↘	$\frac{1}{\sqrt{2}}$

三角関数の $f'(x)$ の符号は間違いやすいので注意する

$$f(0)=f(2\pi)=\frac{1}{\sqrt{2}+0}=\frac{1}{\sqrt{2}}$$

最大値，最小値の候補となる $f(0)$，$f(2\pi)$，$f\left(\frac{5}{4}\pi\right)$，$f\left(\frac{7}{4}\pi\right)$ の値は慎重に求める

$$f\left(\frac{5}{4}\pi\right)=\frac{-\frac{1}{\sqrt{2}}}{\sqrt{2}-\frac{1}{\sqrt{2}}}=\frac{-1}{2-1}=-1$$

$$f\left(\frac{7}{4}\pi\right)=\frac{\frac{1}{\sqrt{2}}}{\sqrt{2}-\frac{1}{\sqrt{2}}}=\frac{1}{2-1}=1$$

分母，分子に $\sqrt{2}$ を掛けて分母の $\sqrt{2}$ を払う

ゆえに，$f(x)$ の増減は上の表のようになり

$x=\dfrac{7}{4}\pi$ のとき最大値 1

$x=\dfrac{5}{4}\pi$ のとき最小値 -1 ――(答)

◇マスター問題

関数 $f(x)=x\sin x+\cos x+1$ $(0 \leqq x \leqq \pi)$ について，$f(x)$ の最大値，最小値を求めよ。

〈三重大〉

◇チャレンジ問題

関数 $f(x)=\dfrac{\sin x}{2-\sqrt{3}\cos x}$ について，$0 \leqq x \leqq \pi$ における $f(x)$ の最大値を求めよ。

〈立教大〉

21 関数の増減の応用

❖ 関数の増減と大小比較 ❖

(1) 関数 $f(x)=\dfrac{\log x}{x}$ について，極値を調べ，$y=f(x)$ のグラフの概形をかけ。

ただし，$\displaystyle\lim_{x\to\infty}\frac{\log x}{x}=0$，$\displaystyle\lim_{x\to 0}\frac{\log x}{x}=-\infty$ を用いてよい。

(2) $e^{\pi}>\pi^{e}$ を示せ。　　(3) $e^{\sqrt{\pi}}<\pi^{\sqrt{e}}$ を示せ。　〈島根大〉

解 (1) $f(x)=\dfrac{\log x}{x}$ より $f'(x)=\dfrac{1-\log x}{x^2}$ ← $\left(\dfrac{\log x}{x}\right)'=\dfrac{\frac{1}{x}\cdot x-(\log x)\cdot 1}{x^2}$

$f'(x)=0$ とすると $x=e$

よって，増減表は次のようになる。

x	0	$\cdots$	e	$\cdots$
$f'(x)$	／	$+$	0	$-$
$f(x)$	／	↗	$\dfrac{1}{e}$	↘

$\displaystyle\lim_{x\to\infty}\frac{\log x}{x}=0$

$\displaystyle\lim_{x\to 0}\frac{\log x}{x}=-\infty$

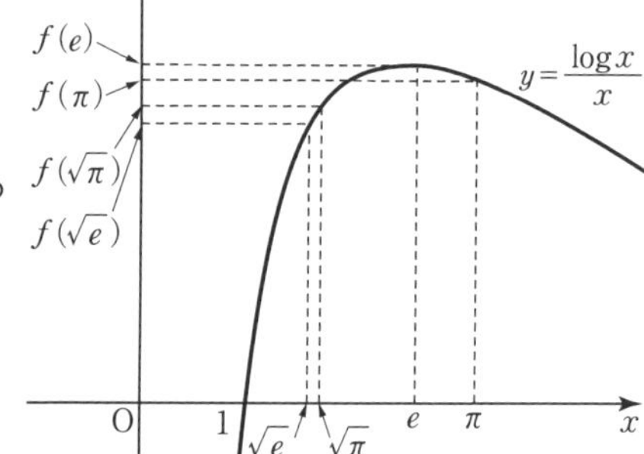

$f(e)=\dfrac{1}{e}$ より，$x=e$ のとき

極大値 $\dfrac{1}{e}$ ――(答)

グラフは右図のようになる。

(2) (1)より $f(x)$ は $x\geqq e$ で減少する。← $f(x)$ が $x\geqq e$ で減少することと e と π の大小関係に着目する $e\fallingdotseq 2.71$，$\pi\fallingdotseq 3.14$

$e<\pi$ だから $f(e)>f(\pi)$

よって，$\dfrac{\log e}{e}>\dfrac{\log \pi}{\pi}$ より $\pi\log e>e\log\pi$ （↑両辺に $e\pi$ を掛ける）

ゆえに，$\log e^{\pi}>\log\pi^{e}$ が成り立つ。

したがって，$e^{\pi}>\pi^{e}$ である。

(3) (1)より $f(x)$ は $0<x\leqq e$ で増加する。← $f(x)$ が $0<x\leqq e$ で増加することと $\sqrt{e}$ と $\sqrt{\pi}$ の大小関係に着目する $\sqrt{e}\fallingdotseq 1.65$，$\sqrt{\pi}\fallingdotseq 1.77$

$\sqrt{e}<\sqrt{\pi}$ だから $f(\sqrt{e})<f(\sqrt{\pi})$

よって，$\dfrac{\log\sqrt{e}}{\sqrt{e}}<\dfrac{\log\sqrt{\pi}}{\sqrt{\pi}}$ より $\sqrt{\pi}\cdot\dfrac{1}{2}\log e<\sqrt{e}\cdot\dfrac{1}{2}\log\pi$ （↑両辺に $\sqrt{e}\sqrt{\pi}$ を掛ける）

ゆえに，$\log e^{\sqrt{\pi}}<\log\pi^{\sqrt{e}}$ が成り立つ。

したがって，$e^{\sqrt{\pi}}<\pi^{\sqrt{e}}$ である。

◇マスター問題

(1) 関数 $f(x)=\dfrac{\log(x+1)}{x}$ の導関数 $f'(x)$ を求めよ。

(2) 実数 a, b は $0<a<b$ を満たすとする。このとき，不等式 $(b+1)^a<(a+1)^b$ を証明せよ。

〈岡山大〉

◇チャレンジ問題

(1) $0<x<\pi$ のとき，不等式 $x\cos x-\sin x<0$ が成り立つことを示せ。

(2) $0<x<y<\pi$ のとき，不等式 $\dfrac{\sin y}{y}<\dfrac{\sin x}{x}$ が成り立つことを示せ。

〈京都工繊大〉

22　方程式への応用

❖ $f(x)=k$ の実数解の個数 ❖

方程式 $ke^x=\sin x$ $(0\leqq x\leqq 2\pi)$ の実数解の個数を求めよ。ただし，k は実数とする。
〈福島大〉

解　$e^x\neq 0$ だから $ke^x=\sin x$ を $k=\dfrac{\sin x}{e^x}$ と変形。

$f(x)=k$（定数）の形にする

$f(x)=\dfrac{\sin x}{e^x}$ とおき，$y=f(x)$ と $y=k$ のグラフの共有点の個数で考える。

$y=f(x)$ と $y=k$ のグラフの共有点の個数と方程式の解の個数は一致する

$$f'(x)=\frac{e^x\cos x-e^x\sin x}{e^{2x}}$$
$$=-\frac{\sqrt{2}\sin\left(x-\frac{\pi}{4}\right)}{e^x}$$

$e^x\cos x-e^x\sin x$
$=-e^x(\sin x-\cos x)$
$=-e^x\sqrt{2}\sin\left(x-\dfrac{\pi}{4}\right)$

$f'(x)=0$ とすると $x-\dfrac{\pi}{4}=0,\ \pi$　より　$x=\dfrac{\pi}{4},\ \dfrac{5}{4}\pi$

$0\leqq x\leqq 2\pi$ だから
$-\dfrac{\pi}{4}\leqq x-\dfrac{\pi}{4}\leqq\dfrac{7}{4}\pi$
で考える

よって，増減表は次のようになる。

x	0	$\cdots$	$\dfrac{\pi}{4}$	$\cdots$	$\dfrac{5}{4}\pi$	$\cdots$	2π
$f'(x)$		$+$	0	$-$	0	$+$	
$f(x)$	0	↗	$\dfrac{1}{\sqrt{2}e^{\frac{\pi}{4}}}$	↘	$-\dfrac{1}{\sqrt{2}e^{\frac{5}{4}\pi}}$	↗	0

$f\left(\dfrac{\pi}{4}\right)=\dfrac{1}{\sqrt{2}e^{\frac{\pi}{4}}}$，$f\left(\dfrac{5}{4}\pi\right)=-\dfrac{1}{\sqrt{2}e^{\frac{5}{4}\pi}}$

$y=f(x)$ のグラフは次のようになる。

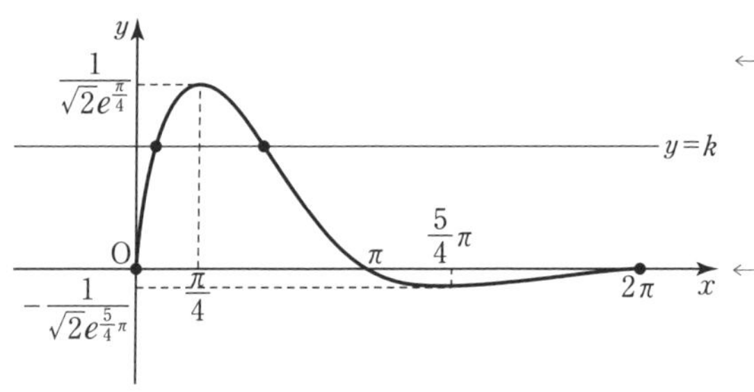

グラフをかく問題でないので，グラフは縦と横の比を見やすくしただいたいの形でよい
（参考までに，およその値を示すと $\dfrac{1}{\sqrt{2}e^{\frac{\pi}{4}}}\fallingdotseq 0.3$，$\dfrac{1}{\sqrt{2}e^{\frac{5}{4}\pi}}\fallingdotseq 0.014$）

k の値によって，$y=k$ の直線は上下に平行移動するから，スライドさせて，共有点の個数を調べる

$y=f(x)$ と $y=k$ の共有点を考えて

$k<-\dfrac{1}{\sqrt{2}e^{\frac{5}{4}\pi}}$，$\dfrac{1}{\sqrt{2}e^{\frac{\pi}{4}}}<k$　のとき　0 個

$k=\dfrac{1}{\sqrt{2}e^{\frac{\pi}{4}}}$，$k=-\dfrac{1}{\sqrt{2}e^{\frac{5}{4}\pi}}$　のとき　1 個

$-\dfrac{1}{\sqrt{2}e^{\frac{5}{4}\pi}}<k<0$，$0<k<\dfrac{1}{\sqrt{2}e^{\frac{\pi}{4}}}$　のとき　2 個

$k=0$　のとき　3 個 ——(答)

◇マスター問題

k を定数とするとき，$0 \leqq x \leqq 4$ の範囲で $xe^{-\frac{x}{2}} = k$ の実数解の個数を求めよ。

〈福岡教育大〉

◆チャレンジ問題

関数 $f(x) = e^x(\sin x - \cos x)$ $(0 \leqq x \leqq 2\pi)$ について，$f(x) = k$ (k は実数) を満たす x の個数を求めよ。

〈兵庫県立大〉

23 不等式への応用(I)

❖不等式の証明❖

$x \geqq 0$ のとき，次の不等式が成り立つことを示せ。

(1) $\log(1+x) \geqq \dfrac{x}{1+x}$　　(2) $e^{2x} > \dfrac{x^2}{2}$　〈岩手大〉

解 (1) $f(x) = \log(1+x) - \dfrac{x}{1+x}$ とおくと

$f(x) = ($左辺$) - ($右辺$)$ とおき $x \geqq 0$ で $f(x) \geqq 0$ を示す

$$f'(x) = \frac{1}{1+x} - \frac{1\cdot(1+x) - x\cdot 1}{(1+x)^2}$$

$$= \frac{x}{(1+x)^2} \geqq 0$$

$x \geqq 0$ で $f'(x) \geqq 0$ であることがわかれば増減表はかかなくてもよい

よって，$f(x)$ は増加関数

$f(0) = 0$ だから $x \geqq 0$ で $f(x) \geqq 0$

ゆえに，$x \geqq 0$ のとき $\log(1+x) \geqq \dfrac{x}{1+x}$

(2) $f(x) = e^{2x} - \dfrac{x^2}{2}$ とおくと

$f(x) = ($左辺$) - ($右辺$)$ とおき $x > 0$ で $f(x) > 0$ を示す

$f'(x) = 2e^{2x} - x$

この式から $f'(x) > 0$ を示すことや，$f'(x) = 0$ となる x の値がわからないから $f''(x)$ をとる

$f''(x) = 4e^{2x} - 1$

$x \geqq 0$ のとき $e^{2x} \geqq 1$ だから $f''(x) \geqq 0$

$f'(x)$ が増加関数であることが示される

よって，$f'(x)$ は $x \geqq 0$ で増加関数

$f'(0) = 2$ だから $x \geqq 0$ で $f'(x) > 0$

$f(x)$ が増加関数であることが示される

ゆえに　$f(x)$ は $x \geqq 0$ で増加関数

$f(0) = 1 > 0$ だから $x \geqq 0$ で $f(x) > 0$

$f(x)$ は $x \geqq 0$ で増加関数であり $f(0) > 0$ だから $x \geqq 0$ で $f(x) > 0$ となる

したがって，$x \geqq 0$ のとき $e^{2x} > \dfrac{x^2}{2}$

◇マスター問題

$x>0$ のとき，次の不等式が成り立つことを示せ。

(1) $1-\dfrac{x^2}{2}<\cos x$ 〈信州大〉

(2) $\sqrt{x} \geqq 2+\log\dfrac{x}{4}$ 〈九州工大〉

◇チャレンジ問題

$0 \leqq x \leqq \dfrac{\pi}{3}$ において，次の不等式が成り立つことを証明せよ。

$$\log\left(\frac{1}{\cos x}\right) \leqq x^2$$

〈高知女子大〉

24　不等式への応用(II)

❖ 不等式を利用する関数の極限 ❖

$f(x)=\sqrt{x}-\log x$ とする。次の問いに答えよ。

(1) $x>0$ のとき，$f(x)>0$ であることを示せ。ただし，$2<e<3$ とする。

(2) (1)を利用して $\displaystyle\lim_{x\to\infty}\frac{\log x}{x}=0$ を示せ。　〈大阪工大〉

解 (1) $f(x)=\sqrt{x}-\log x$ より

$$f'(x)=\frac{1}{2\sqrt{x}}-\frac{1}{x}=\frac{\sqrt{x}-2}{2x}$$

$f'(x)=0$ とすると $\sqrt{x}=2$ より $x=4$

よって，$x>0$ における増減表は次のようになる。

x	0	$\cdots$	4	$\cdots$
$f'(x)$	／	$-$	0	$+$
$f(x)$	／	↘	$2(1-\log 2)$	↗

(参考)

$f(4)=\sqrt{4}-\log 4=2(1-\log 2)$

ここで，$\log 2<\log e=1$ だから $f(4)>0$

log2 が1より小さいことを示す。

ゆえに，上の増減表より

$x>0$ のとき，$f(x)>0$ である。

(2) (1)より $f(x)=\sqrt{x}-\log x>0$ だから

$\sqrt{x}>\log x$　両辺を x $(x>0)$ で割って

この式から，問題の式 $\dfrac{\log x}{x}$ をつくる。

$$\frac{1}{\sqrt{x}}>\frac{\log x}{x}$$

$x\to\infty$ のときを考えると $\dfrac{\log x}{x}>0$ だから

十分大きな x の値に対して
$x>0$，$\log x>0$ だから $\dfrac{\log x}{x}>0$ としてもよい。

$$0<\frac{\log x}{x}<\frac{1}{\sqrt{x}}$$

$\displaystyle\lim_{x\to\infty}\frac{1}{\sqrt{x}}=0$ だから，はさみうちの原理より

$$\lim_{x\to\infty}\frac{\log x}{x}=0$$

はさみうちの原理

$f(x)\leqq h(x)\leqq g(x)$ かつ $\displaystyle\lim_{x\to\infty}f(x)=\lim_{x\to\infty}g(x)=\alpha$ $\Rightarrow$ $\displaystyle\lim_{x\to\infty}h(x)=\alpha$

◇マスター問題

$f(x)=e^{x^2}-x^2$ とする。次の問いに答えよ。

(1) $x>0$ において，$f(x)>0$ であることを示せ。

(2) (1)を用いて，$\displaystyle\lim_{x\to\infty}\frac{e^{x^2}}{x}=\infty$ であることを示せ。 〈富山大〉

◆チャレンジ問題

(1) $x>0$ のとき，不等式 $e^x>1+x+\dfrac{x^2}{2}$ であることを示せ。

(2) (1)の結果を用いて，極限値 $\displaystyle\lim_{x\to\infty}\frac{x}{e^x}$ を求めよ。

(3) $S_n=\displaystyle\sum_{k=1}^{n}ke^{-k}$ とするとき，極限値 $\displaystyle\lim_{n\to\infty}S_n$ を求めよ。 〈大阪医大〉

25 中間値の定理／平均値の定理

❖中間値の定理／平均値の定理❖

(1) 方程式 $xe^x=1$ は $0<x<1$ の範囲にただ1つの解をもつことを示せ。ただし，$2<e<3$ とする。〈滋賀医大〉

(2) $f(x)=\log(x+\sqrt{x^2+4})$ とおく。平均値の定理を用いて，$a \neq b$ のとき，$|f(b)-f(a)| \leqq \frac{1}{2}|b-a|$ が成り立つことを示せ。〈津田塾大〉

解 (1) $f(x)=xe^x-1$ とおくと，

$f(x)$ は $0 \leqq x \leqq 1$ で連続である。

区間 [0, 1] で連続であることを必ず押さえる

$f'(x)=e^x+xe^x=(1+x)e^x$ だから

$0 \leqq x \leqq 1$ で $f'(x)>0$

よって，$f(x)$ は $0 \leqq x \leqq 1$ で単調に増加する。

$f(0)=-1<0,\ f(1)=e-1>0$

区間の両端の正負をはっきり示す

中間値の定理

$f(x)$ が $[a,\ b]$ で連続で $f(a)f(b)<0$ ならば $f(x)=0$ は $a<x<b$ の範囲に，少なくとも1つの解をもつ

ゆえに，中間値の定理と $f(x)$ が単調に増加することから $xe^x=1$ は $0<x<1$ の範囲にただ1つの解をもつ。

(2) $f(x)=\log(x+\sqrt{x^2+4})$ より

$$f'(x)=\frac{(x+\sqrt{x^2+4})'}{x+\sqrt{x^2+4}}=\frac{1+\frac{1}{2}(x^2+4)^{-\frac{1}{2}}\cdot 2x}{x+\sqrt{x^2+4}}$$

$\{\log f(x)\}'=\dfrac{f'(x)}{f(x)}$

$$=\frac{\sqrt{x^2+4}+x}{\sqrt{x^2+4}(x+\sqrt{x^2+4})}=\frac{1}{\sqrt{x^2+4}}$$

$f(x)$ は $[a,\ b]$ で連続，$(a,\ b)$ で微分可能だから，平均値の定理から

$$\frac{f(b)-f(a)}{b-a}=f'(c)\quad (a<c<b)$$

を満たす c が存在する。

平均値の定理

$f(x)$ が $[a,\ b]$ で連続で $(a,\ b)$ で微分可能ならば $\dfrac{f(b)-f(a)}{b-a}=f'(c)\ (a<c<b)$ を満たす c が少なくとも1つ存在する

両辺の絶対値をとると

$$\left|\frac{f(b)-f(a)}{b-a}\right|=|f'(c)|$$

両辺に $|b-a|$ を掛ける

$$|f(b)-f(a)|=|f'(c)||b-a|$$

ここで

$f'(c)=\dfrac{1}{\sqrt{c^2+4}}$ であり $0<\dfrac{1}{\sqrt{c^2+4}} \leqq \dfrac{1}{2}$

$f'(c)$ を不等式で挟み込む

よって，$|f(b)-f(a)| \leqq \frac{1}{2}|b-a|$ が成り立つ。

◇マスター問題

方程式 $x\cos x = \sin x$ は $\frac{4}{3}\pi < x < 2\pi$ の範囲にただ1つの解をもつことを示せ。

〈東京学芸大〉

◆チャレンジ問題

$x > 0$ とし，$f(x) = \log x^{100}$ とおく。次の不等式を証明せよ。

$$\frac{100}{x+1} < f(x+1) - f(x) < \frac{100}{x}$$

〈名古屋大〉

26 不定積分・定積分

❖ いろいろな関数の積分 ❖

次の不定積分，定積分を求めよ。

(1) $\displaystyle\int \frac{x^2}{x^2-1}dx$ 〈茨城大〉 (2) $\displaystyle\int (e^{2x}-5^x)dx$

(3) $\displaystyle\int_{-3}^{-1}\left(\frac{2}{x^2}+\frac{1}{x}\right)dx$ 〈静岡理工科大〉 (4) $\displaystyle\int_0^{\frac{\pi}{2}}(\cos^2 x+\cos x)dx$ 〈会津大〉

解 (1) $\displaystyle\int \frac{x^2}{x^2-1}dx=\int\left(1+\frac{1}{x^2-1}\right)dx$

分子を分母で割って変形する

$$\begin{array}{r} 1 \\ x^2-1\overline{)x^2} \\ \underline{x^2-1} \\ 1 \end{array}$$

$\displaystyle=\int dx+\frac{1}{2}\int\left(\frac{1}{x-1}-\frac{1}{x+1}\right)dx$

$\displaystyle\frac{1}{x^2-1}=\frac{1}{2}\left(\frac{1}{x-1}-\frac{1}{x+1}\right)$ と部分分数に分解

$\displaystyle=x+\frac{1}{2}(\log|x-1|-\log|x+1|)+C$

$\displaystyle=x+\frac{1}{2}\log\left|\frac{x-1}{x+1}\right|+C$ ——(答)

(C は積分定数)

(2) $\displaystyle\int(e^{2x}-5^x)dx$

$\displaystyle=\int e^{2x}dx-\int 5^x dx$

$\displaystyle=\frac{1}{2}e^{2x}-\frac{5^x}{\log 5}+C$ ——(答)

(C は積分定数)

(3) $\displaystyle\int_{-3}^{-1}\left(\frac{2}{x^2}+\frac{1}{x}\right)dx=\int_{-3}^{-1}\left(2x^{-2}+\frac{1}{x}\right)dx$

$\displaystyle=\left[-\frac{2}{x}+\log|x|\right]_{-3}^{-1}=2-\left(\frac{2}{3}+\log 3\right)$

$\displaystyle=\frac{4}{3}-\log 3$

(4) $\displaystyle\int_0^{\frac{\pi}{2}}(\cos^2 x+\cos x)dx$

公式が使えるように $\cos^2 x$ を1次の式にする

$\displaystyle=\int_0^{\frac{\pi}{2}}\left(\frac{1+\cos 2x}{2}+\cos x\right)dx$

$\displaystyle=\left[\frac{1}{2}x+\frac{1}{4}\sin 2x+\sin x\right]_0^{\frac{\pi}{2}}$

$\displaystyle=\frac{\pi}{4}+1$

不定積分の基本公式

$\displaystyle\int x^\alpha dx=\frac{1}{\alpha+1}x^{\alpha+1}+C$ $(\alpha \neq -1)$

$\displaystyle\int \frac{1}{x}dx=\log|x|+C$

$\displaystyle\int \sin x dx=-\cos x+C$

$\displaystyle\int \cos x dx=\sin x+C$

$\displaystyle\int \frac{1}{\cos^2 x}dx=\tan x+C$

$\displaystyle\int \frac{1}{\sin^2 x}dx=-\frac{1}{\tan x}+C$

$\displaystyle\int e^x dx=e^x+C$

$\displaystyle\int a^x dx=\frac{a^x}{\log a}+C$

(C は積分定数)

半角の公式の応用

$\displaystyle\cos^2 x=\frac{1+\cos 2x}{2}$

$\displaystyle\sin^2 x=\frac{1-\cos 2x}{2}$

◇マスター問題

次の不定積分，定積分を求めよ。

(1) $\displaystyle\int \frac{x^2}{2-x}dx$ 〈広島市立大〉

(2) $\displaystyle\int \frac{x}{\sqrt{x+1}+1}dx$ 〈信州大〉

(3) $\displaystyle\int (e^{\frac{x}{2}}-3^{x-1})dx$

(4) $\displaystyle\int \frac{1}{x^2+4x+3}dx$ 〈宮崎大〉

(5) $\displaystyle\int_0^{\frac{\pi}{4}} \tan^2 x dx$ 〈東海大〉

(6) $\displaystyle\int_0^{\frac{\pi}{6}} (\sin^4 x+\cos^4 x)dx$ 〈日本女子大〉

◇チャレンジ問題

$f(x)=\dfrac{e^x+e^{-x}}{2}$ とするとき，定積分 $\displaystyle\int_0^1 \sqrt{1+\{f'(x)\}^2}\,dx$ を求めよ。 〈東京都市大〉

27 置換積分

❖いろいろな関数の置換積分❖

次の不定積分，定積分を求めよ。

(1) $\displaystyle\int x\sqrt{x^2+2}\,dx$ 〈琉球大〉 (2) $\displaystyle\int \sin^3\theta\cos\theta d\theta$ 〈東海大〉

(3) $\displaystyle\int_0^1 \frac{1}{e^x+1}dx$ 〈芝浦工大〉 (4) $\displaystyle\int_{\frac{\pi}{6}}^{\frac{\pi}{2}} \frac{\cos x}{\sin x}dx$ 〈職業能力大〉

解 (1) $x^2+2=t$ とおくと

$2xdx=dt$ より $xdx=\dfrac{1}{2}dt$

$$\int x\sqrt{x^2+2}\,dx=\int\sqrt{t}\,\frac{1}{2}dt=\frac{1}{2}\int t^{\frac{1}{2}}dt$$

$=\dfrac{1}{2}\cdot\dfrac{2}{3}t^{\frac{3}{2}}+C=\dfrac{1}{3}(x^2+2)\sqrt{x^2+2}+C$ ——(答) （C は積分定数）

$\sqrt{x^2+2}=t$ とおいても置換できる。結果は
(与式) $=\displaystyle\int t^2dt=\frac{1}{3}t^3+C$
となる

(2) $\sin\theta=t$ とおくと $\cos\theta d\theta=dt$

$$\int \sin^3\theta\cos\theta d\theta=\int t^3dt=\frac{1}{4}t^4+C$$

$=\dfrac{1}{4}\sin^4\theta+C$ ——(答) （C は積分定数）

$\displaystyle\int f(\sin x)\cos xdx$ は
$\sin x=t$ とおく
$\displaystyle\int f(\cos x)\sin xdx$ は
$\cos x=t$ とおく

(3) $e^x=t$ とおくと $e^xdx=dt$ より

$dx=\dfrac{1}{e^x}dt=\dfrac{1}{t}dt$

x	$0\to1$
t	$1\to e$

x と t の対応表をかく

$$\int_0^1\frac{1}{e^x+1}dx=\int_1^e\frac{1}{t+1}\cdot\frac{1}{t}dt=\int_1^e\left(\frac{1}{t}-\frac{1}{t+1}\right)dt$$

$=\Big[\log t-\log(t+1)\Big]_1^e=\log e-\log(e+1)+\log 2$

$=\log\dfrac{2e}{e+1}$ ——(答)

$\dfrac{1}{t(t+1)}=\dfrac{1}{t}-\dfrac{1}{t+1}$
と部分分数に分解

(4) $\displaystyle\int_{\frac{\pi}{6}}^{\frac{\pi}{2}}\frac{\cos x}{\sin x}dx=\int_{\frac{\pi}{6}}^{\frac{\pi}{2}}\frac{(\sin x)'}{\sin x}dx$

$=\Big[\log|\sin x|\Big]_{\frac{\pi}{6}}^{\frac{\pi}{2}}=\log 1-\log\dfrac{1}{2}$

$=\log 2$ ——(答)

$\displaystyle\int\frac{f'(x)}{f(x)}dx=\log|f(x)|+C$

$f(x)=t$ とおくと $f'(x)dx=dt$
$\displaystyle\int\frac{f'(x)}{f(x)}dx=\int\frac{1}{t}dt=\log|t|+C$

◇マスター問題

次の不定積分，定積分を求めよ。

(1) $\displaystyle\int xe^{x^2-1}dx$ 〈青山学院大〉

(2) $\displaystyle\int \frac{\sin x\cos x}{2+\cos x}dx$ 〈関西学院大〉

(3) $\displaystyle\int_0^1 x\sqrt{1-x^2}\,dx$ 〈会津大〉

(4) $\displaystyle\int_2^3 \frac{2x-1}{x(x-1)}dx$ 〈明星大〉

◆チャレンジ問題

次の定積分を求めよ。

(1) $\displaystyle\int_e^{e^2} \frac{1}{x\log x}dx$ 〈宮崎大〉

(2) $\displaystyle\int_0^{\frac{\pi}{4}} \frac{1}{\cos x}dx$ 〈京都大〉

28 部分積分

❖ いろいろな関数の部分積分 ❖

次の不定積分，定積分を求めよ。

(1) $\int x^4 \log x dx$ 〈関西学院大〉

(2) $\int_{-\pi}^{\pi} x \sin x dx$ 〈鹿児島大〉

(3) $\int_0^1 x^2 e^{-x} dx$ 〈東北学院大〉

解 (1) $\int x^4 \log x dx$

部分積分

$$\int f(x) g'(x) dx = f(x) g(x) - \int f'(x) g(x) dx$$

積分　微分

$$= \int \left(\frac{1}{5}x^5\right)' \log x dx = \frac{1}{5}x^5 \log x - \int \frac{1}{5}x^5 \cdot \frac{1}{x} dx$$

$$= \frac{1}{5}x^5 \log x - \int \frac{1}{5}x^4 dx$$

$$= \frac{1}{5}x^5 \log x - \frac{1}{25}x^5 + C$$ ——(答)　(C は積分定数)

積分

(2) $$\int_{-\pi}^{\pi} x \sin x dx = \int_{-\pi}^{\pi} x(-\cos x)' dx$$

$(-\cos x)' = \sin x$

微分

$$= \Big[-x \cos x\Big]_{-\pi}^{\pi} - \int_{-\pi}^{\pi} 1 \cdot (-\cos x) dx$$

$$= \pi - (-\pi) + \Big[\sin x\Big]_{-\pi}^{\pi} = 2\pi$$ ——(答)

(3) $$\int_0^1 x^2 e^{-x} dx$$

$\int_0^1 \left(\frac{1}{3}x^3\right)' e^{-x} dx$ とすると，x の次数があがってうまくいかない。x^2 は 2 回微分すると定数になることがポイント

$$= \int_0^1 x^2(-e^{-x})' dx$$

1 回目の部分積分

$$= \Big[x^2(-e^{-x})\Big]_0^1 - \int_0^1 2x(-e^{-x}) dx$$

e^x，e^{-x}，$\sin x$，$\cos x$ は微分しても定数にならない

$$= -\frac{1}{e} - \int_0^1 2x(e^{-x})' dx$$

2 回目の部分積分

$$= -\frac{1}{e} - \Big[2xe^{-x}\Big]_0^1 + \int_0^1 2(e^{-x}) dx$$

$$= -\frac{1}{e} - \frac{2}{e} - \Big[2e^{-x}\Big]_0^1$$

$$= -\frac{3}{e} - \frac{2}{e} + 2 = 2 - \frac{5}{e}$$ ——(答)

◇マスター問題

次の定積分を求めよ。

(1) $\displaystyle\int_0^1 xe^x dx$ 〈宮崎大〉

(2) $\displaystyle\int_0^{\frac{\pi}{4}} x\sin 3x dx$ 〈信州大〉

(3) $\displaystyle\int_1^e (x-1)\log x dx$ 〈東京電機大〉

(4) $\displaystyle\int_0^1 (x-2)e^{-\frac{1}{2}x} dx$ 〈関西大〉

◇チャレンジ問題

次の不定積分，定積分を求めよ。

(1) $\displaystyle\int e^x \cos 2x dx$ 〈会津大〉

(2) $\displaystyle\int_0^{\frac{\pi}{4}} \frac{x}{\cos^2 x} dx$ 〈京都大〉

29 三角関数を利用する置換積分

❖ $x=\sin\theta$，$x=\tan\theta$ とおく置換積分 ❖

次の定積分を求めよ。

(1) $\displaystyle\int_{-1}^{1}\frac{1}{\sqrt{4-x^2}}dx$ 〈名古屋市立大〉　(2) $\displaystyle\int_{0}^{1}\frac{1}{1+x^2}dx$ 〈宮崎大〉

解 (1) $x=2\sin\theta$ とおくと ← $\sqrt{a^2-x^2} \Longrightarrow x=a\sin\theta$ とおく

$dx=2\cos\theta d\theta$

x	$-1\to1$
θ	$-\frac{\pi}{6}\to\frac{\pi}{6}$

$$\int_{-1}^{1}\frac{1}{\sqrt{4-x^2}}dx$$

$$=\int_{-\frac{\pi}{6}}^{\frac{\pi}{6}}\frac{1}{\sqrt{4-4\sin^2\theta}}\cdot2\cos\theta d\theta$$

$$=\int_{-\frac{\pi}{6}}^{\frac{\pi}{6}}\frac{1}{\sqrt{4(1-\sin^2\theta)}}\cdot2\cos\theta d\theta$$

$$=\int_{-\frac{\pi}{6}}^{\frac{\pi}{6}}\frac{2\cos\theta}{2\cos\theta}d\theta$$

$\sqrt{4\cos^2\theta}=2|\cos\theta|=2\cos\theta$
$-\frac{\pi}{6}\leqq\theta\leqq\frac{\pi}{6}$ だから $\cos\theta\geqq0$

$$=\int_{-\frac{\pi}{6}}^{\frac{\pi}{6}}d\theta=\Big[\theta\Big]_{-\frac{\pi}{6}}^{\frac{\pi}{6}}$$

$$=\frac{\pi}{3}$$ ――(答)

$x=2\sin\theta$
$-1\to1$
$-\frac{\pi}{6}\to\frac{\pi}{6}$
xとθが1対1に対応するようにとる

(2) $x=\tan\theta$ とおくと ← $\frac{1}{a^2+x^2} \Longrightarrow x=a\tan\theta$ とおく

$dx=\dfrac{1}{\cos^2\theta}d\theta$

x	$0\to1$
θ	$0\to\frac{\pi}{4}$

$$\int_{0}^{1}\frac{1}{1+x^2}dx$$

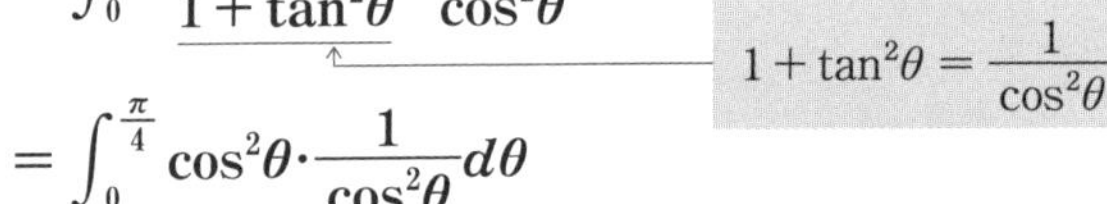

$$=\int_{0}^{\frac{\pi}{4}}\frac{1}{1+\tan^2\theta}\cdot\frac{1}{\cos^2\theta}d\theta$$

$1+\tan^2\theta=\dfrac{1}{\cos^2\theta}$

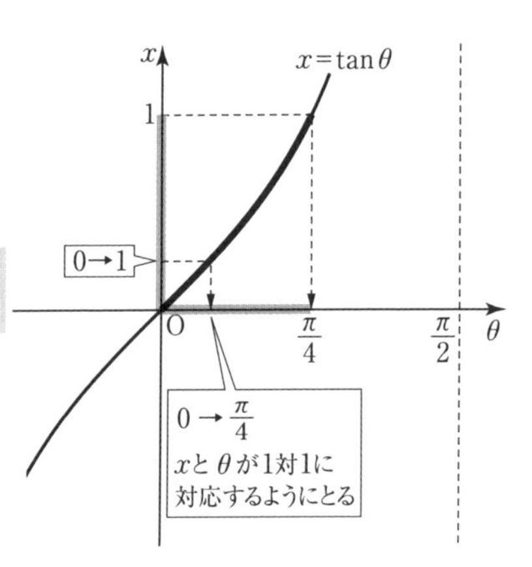

$$=\int_{0}^{\frac{\pi}{4}}\cos^2\theta\cdot\frac{1}{\cos^2\theta}d\theta$$

$$=\int_{0}^{\frac{\pi}{4}}d\theta=\Big[\theta\Big]_{0}^{\frac{\pi}{4}}$$

$$=\frac{\pi}{4}$$ ――(答)

◆マスター問題

次の定積分を求めよ。

(1) $\displaystyle\int_{\frac{1}{2}}^{1}\sqrt{1-x^2}\,dx$ 〈東京都市大〉

(2) $\displaystyle\int_{0}^{\frac{1}{2}}\frac{1}{1+4x^2}dx$ 〈愛媛大〉

◆チャレンジ問題

定積分 $\displaystyle\int_{0}^{1}\frac{1-x}{(1+x^2)^2}dx$ を求めよ。 〈岡山県立大〉

30　絶対値がついた関数の定積分

❖ 場合分けが必要な定積分 ❖

(1)　定積分 $\displaystyle\int_0^1 |e^x-2|\,dx$ を求めよ。　〈愛知工大〉

(2)　$0 \leqq \theta \leqq \dfrac{\pi}{2}$ に対し $f(\theta)=\displaystyle\int_0^{\frac{\pi}{2}} |\cos x-\cos\theta|\,dx$ を求めよ。　〈兵庫県立大〉

解 (1)　$e^x \geqq 2$　のとき　$\log 2 \leqq x \leqq 1$

$e^x \leqq 2$　のとき　$0 \leqq x \leqq \log 2$

だから

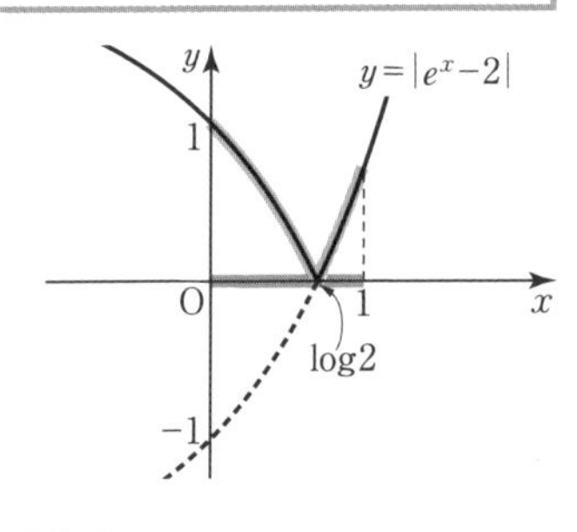

$$\int_0^1 |e^x-2|\,dx$$

$$=\int_0^{\log 2}(2-e^x)\,dx+\int_{\log 2}^1 (e^x-2)\,dx$$

$$=\Big[2x-e^x\Big]_0^{\log 2}+\Big[e^x-2x\Big]_{\log 2}^1$$

← $e^{\log 2}=2 \Longleftrightarrow a^{\log_a n}=n$

$$=(2\log 2-2+1)+(e-2-2+2\log 2)$$

$$=4\log 2+e-5 \text{ ———(答)}$$

(2)　$\cos x \geqq \cos\theta$　のとき　$0 \leqq x \leqq \theta$

$\cos x \leqq \cos\theta$　のとき　$\theta \leqq x \leqq \dfrac{\pi}{2}$

だから

y　$y=|\cos x-\cos\theta|$　$\cos\theta$　$1-\cos\theta$　O　θ　$\dfrac{\pi}{2}$　x

$$f(\theta)=\int_0^{\frac{\pi}{2}} |\cos x-\cos\theta|\,dx$$

$\cos\theta\left(0 \leqq \theta \leqq \dfrac{\pi}{2}\right)$ は $0 \leqq \cos\theta \leqq 1$ を満たすある値（定数）である

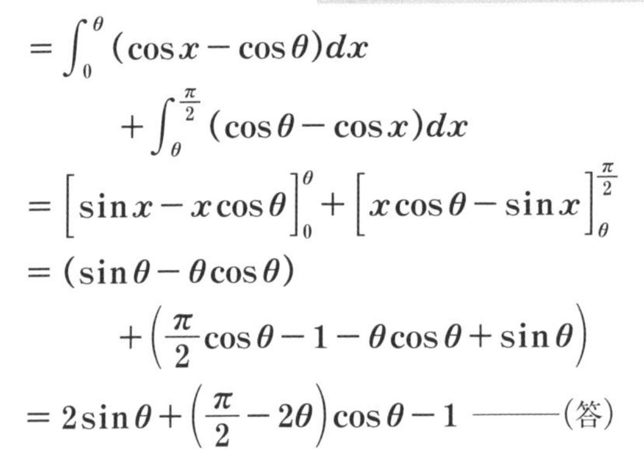

$$=\int_0^{\theta}(\cos x-\cos\theta)\,dx$$

$$\quad+\int_{\theta}^{\frac{\pi}{2}}(\cos\theta-\cos x)\,dx$$

$$=\Big[\sin x-x\cos\theta\Big]_0^{\theta}+\Big[x\cos\theta-\sin x\Big]_{\theta}^{\frac{\pi}{2}}$$

$$=(\sin\theta-\theta\cos\theta)$$

$$\quad+\left(\frac{\pi}{2}\cos\theta-1-\theta\cos\theta+\sin\theta\right)$$

$$=2\sin\theta+\left(\frac{\pi}{2}-2\theta\right)\cos\theta-1 \text{ ———(答)}$$

例えば $\theta=\dfrac{\pi}{3}$ とすると

$$\int_0^{\frac{\pi}{2}}\left|\cos x-\cos\frac{\pi}{3}\right|dx$$

$$=\int_0^{\frac{\pi}{2}}\left|\cos x-\frac{1}{2}\right|dx$$

$$=\int_0^{\frac{\pi}{3}}\left(\cos x-\frac{1}{2}\right)dx$$

$$\quad+\int_{\frac{\pi}{3}}^{\frac{\pi}{2}}\left(\frac{1}{2}-\cos x\right)dx$$

となる

◇マスター問題

定積分 $\int_1^4 |\log x - 1|\,dx$ を求めよ。　〈日本女子大〉

◇チャレンジ問題

関数 $f(x) = \int_0^{\frac{\pi}{2}} \sin|x - t|\,dt$ の $0 \leqq x \leqq \frac{\pi}{2}$ における最小値と最大値を求めよ。

〈津田塾大〉

31 定積分で表された関数(I)

❖ $\int_a^b f(t)dt=k$（定数）とおく関数 ❖

等式 $f(x)=\log x-x\int_1^e \frac{f(t)+1}{t}dt$ を満たす $f(x)$ を求めよ。〈和歌山大〉

解

積分する関数が t の関数であることを確認する

$$\int_1^e \frac{f(t)+1}{t}dt=k\ (\text{定数})\quad \cdots\cdots①$$ とおくと

1から e までの定積分だからある値になるので，その値を k（定数）とおく

$f(x)=\log x-kx$ と表せるから，①に代入して

$$k=\int_1^e \frac{\log t-kt+1}{t}dt$$

k とおいた①の値を求める。そのとき $f(x)=\log x-kx$ の x を t にかえて，$f(t)=\log t-kt$ とする

$$=\int_1^e \frac{\log t}{t}dt-\int_1^e kdt+\int_1^e \frac{1}{t}dt$$

ここで，$\log t=s$ とおくと

$\frac{ds}{dt}=\frac{1}{t}$ より $ds=\frac{1}{t}dt$

t	$1\to e$
s	$0\to 1$

$$\int_1^e \frac{\log t}{t}dt=\int_0^1 sds=\left[\frac{1}{2}s^2\right]_0^1=\frac{1}{2}$$

よって，

$$k=\frac{1}{2}-\left[kt\right]_1^e+\left[\log t\right]_1^e$$

$$=\frac{1}{2}-k(e-1)+1$$

$ke=\frac{3}{2}$ より $k=\frac{3}{2e}$

ゆえに，$f(x)=\log x-\frac{3}{2e}x$ ———（答）

参考 $\int_1^e \frac{\log t}{t}dt$ は，次のように計算してもよい。

$$\int_1^e \frac{\log t}{t}dt=\int_1^e (\log t)(\log t)'dt$$

$(\log t)'=\frac{1}{t}$

$$=\left[\frac{1}{2}(\log t)^2\right]_1^e=\frac{1}{2}$$

◇マスター問題

次の等式を満たす関数 $f(x)$ を求めよ。

(1) $f(x)=e^x-\int_0^1 f(t)dt$ 〈関西大〉 (2) $f(x)=\cos x+\int_0^{\frac{\pi}{2}} f(t)dt$ 〈東京電機大〉

◇チャレンジ問題

次の等式を満たす関数 $f(x)$ $(x>0)$ をすべて求めよ。

$$f(x)=\log x-3\int_1^e \frac{\{f(t)\}^2}{t}dt$$

〈同志社大〉

32 定積分で表された関数(II)

❖ $\dfrac{d}{dx}\displaystyle\int_a^x f(t)dt = f(x)$ の利用 ❖

(1) $\displaystyle\int_a^x f(t)dt = x\log 2x - x$ を満たす関数 $f(x)$，および a の値を求めよ。ただし，$a > 0$ とする。 〈大分大〉

(2) $f(x) = \displaystyle\int_0^x (x-t)\sin t\,dt$ のとき，$f'(x)$ を求めよ。 〈信州大〉

解 (1) $\displaystyle\int_a^x f(t)dt = x\log 2x - x$

の両辺を x で微分すると

> 微分と積分の関係
> $\dfrac{d}{dx}\displaystyle\int_a^x f(t)dt = \left(\int_a^x f(t)dt\right)' = f(x)$

$$\left(\int_a^x f(t)dt\right)' = (x\log 2x - x)'$$

$$f(x) = (x)'\log 2x + x(\log 2x)' - (x)'$$

$$= \log 2x + x\cdot\frac{(2x)'}{2x} - 1$$

$$= \log 2x \text{ ——(答)}$$

> $\displaystyle\int_a^x f(t)dt$ で積分された関数は，微分されてもとの関数 $f(x)$ にもどる

また，与式に $x = a$ を代入すると

$$a\log 2a - a = 0$$

> $\displaystyle\int_a^a f(t)dt = 0$

$$a(\log 2a - 1) = 0$$

$a > 0$ だから $\log 2a = 1 = \log e$

よって，$a = \dfrac{e}{2}$ ——(答)

(2) $f(x) = \displaystyle\int_0^x (x-t)\sin t\,dt$

$$= \int_0^x (x\sin t - t\sin t)dt$$

$$= x\int_0^x \sin t\,dt - \int_0^x t\sin t\,dt$$

> t についての積分だから x は定数扱いになるので（　）を一度展開して，x を含む式と t だけの式に分ける

両辺を x で微分すると

> x と $\displaystyle\int_0^x \sin t\,dt$ の積の微分

> $\dfrac{d}{dx}\displaystyle\int_0^x t\sin t\,dt = x\sin x$

$$f'(x) = (x)'\int_0^x \sin t\,dt + x\sin x - x\sin x$$

$$= \Big[-\cos t\Big]_0^x = -\cos x + 1 \text{ ——(答)}$$

◇マスター問題

等式 $\int_a^x f(t)dt = e^{2x} - \int_0^1 f(t)dt - 1$ を満たす関数 $f(x)$，および定数 a の値を求めよ。

◇チャレンジ問題

連続な関数 $f(x)$ が以下の関係式を満たすとき，次の問いに答えよ。

$$\int_a^x (x-t)f(t)dt = 2\sin x - x + b \quad \left(\text{ただし，}a\text{，}b\text{は定数で，}0 \leqq a \leqq \frac{\pi}{2}\right)$$

(1) $\int_a^x f(t)dt$ を求めよ。

(2) $f(x)$ を求めよ。

(3) a，b の値を求めよ。

〈岩手大〉

33 定積分の漸化式

❖ 定積分の漸化式 ❖

自然数 n に対して，$I_n=\int_0^{\frac{\pi}{2}}\cos^n x dx$ とおく。I_n を I_{n-2} で表せ。ただし，$n\geqq 2$ とする。 〈岩手大〉

解
$$I_n=\int_0^{\frac{\pi}{2}}\cos^n x dx$$
$$=\int_0^{\frac{\pi}{2}}\cos^{n-1}x\cos x dx$$

部分積分ができるように $\cos^n x=\cos^{n-1}x\cos x$ とする

$$=\int_0^{\frac{\pi}{2}}\cos^{n-1}x(\sin x)'dx$$

$(\cos^{n-1}x)'=(n-1)\cos^{n-2}x(-\sin x)$

$$=\Big[\cos^{n-1}x\sin x\Big]_0^{\frac{\pi}{2}}-\int_0^{\frac{\pi}{2}}(n-1)\cos^{n-2}x(-\sin x)\sin x dx$$
$$=0-(n-1)\int_0^{\frac{\pi}{2}}\cos^{n-2}x(-\sin^2 x)dx$$
$$=-(n-1)\int_0^{\frac{\pi}{2}}\cos^{n-2}x(\cos^2 x-1)dx$$

$\sin^2 x=1-\cos^2 x$ として $\cos x$ だけの式にする

$$=-(n-1)\int_0^{\frac{\pi}{2}}(\cos^n x-\cos^{n-2}x)dx$$
$$=-(n-1)\int_0^{\frac{\pi}{2}}\cos^n x dx+(n-1)\int_0^{\frac{\pi}{2}}\cos^{n-2}x dx$$

I_n と表せる　　I_{n-2} と表せる

部分積分
$$\int uv'dx=uv-\int u'vdx$$

よって，$I_n=-(n-1)I_n+(n-1)I_{n-2}$

ゆえに，$nI_n=(n-1)I_{n-2}$

したがって，$I_n=\dfrac{n-1}{n}I_{n-2}$ ――(答)

◇マスター問題

$I_n=\int_0^{\frac{\pi}{2}}\sin^n xdx$ について，次の問いに答えよ。ただし，n は0以上の整数とする。

(1) I_{n+2} を I_n を用いて表せ。

(2) I_0，I_6 の値を求めよ。

〈関西医大〉

◇チャレンジ問題

自然数 n に対して，$S_n=\int_1^e(\log x)^n dx$ とする。

(1) S_1 を求めよ。

(2) S_{n+1} を S_n と n の式で表せ。

(3) $\lim_{n\to\infty}S_n$ を求めよ。

(4) $\lim_{n\to\infty}nS_n$ を求めよ。

〈大阪府大〉

34 定積分と級数

❖ 定積分と和の極限 ❖

次の極限値を求めよ。

(1) $\displaystyle\lim_{n\to\infty}\frac{1}{n}\sum_{k=1}^{n}\left(\frac{n+k}{n}\right)^2$　　(2) $\displaystyle\lim_{n\to\infty}\frac{1}{n^2}\sum_{k=1}^{n}k\sin\frac{k\pi}{2n}$　〈金沢工大〉

(3) $\displaystyle\lim_{n\to\infty}\left(\frac{1}{n+2}+\frac{1}{n+4}+\frac{1}{n+6}+\cdots+\frac{1}{n+2n}\right)$　〈関西大〉

解 (1) $\displaystyle\lim_{n\to\infty}\frac{1}{n}\sum_{k=1}^{n}\left(\frac{n+k}{n}\right)^2=\lim_{n\to\infty}\frac{1}{n}\sum_{k=1}^{n}\left(1+\frac{k}{n}\right)^2$

$\dfrac{n+k}{n}=\dfrac{n}{n}+\dfrac{k}{n}=1+\dfrac{k}{n}$ とし，$\dfrac{k}{n}\to x$ とする

$\displaystyle=\int_0^1(1+x)^2dx=\left[\frac{1}{3}(1+x)^3\right]_0^1=\frac{7}{3}$ ――(答)

定積分と和の極限

$$\lim_{n\to\infty}\frac{1}{n}\sum_{k=1}^{n}f\left(\frac{k}{n}\right)=\int_0^1f(x)dx$$

$$\lim_{n\to\infty}\frac{1}{n}\sum_{k=0}^{n-1}f\left(\frac{k}{n}\right)=\int_0^1f(x)dx$$

(2) $\displaystyle\lim_{n\to\infty}\frac{1}{n^2}\sum_{k=1}^{n}k\sin\frac{k\pi}{2n}=\lim_{n\to\infty}\frac{1}{n}\sum_{k=1}^{n}\frac{k}{n}\sin\left(\frac{\pi}{2}\cdot\frac{k}{n}\right)$

必ず Σ の前に $\dfrac{1}{n}$ を出し，$\dfrac{k}{n}$ をつくり $\dfrac{k}{n}\to x$ とする

$\displaystyle=\int_0^1x\sin\frac{\pi}{2}x\,dx=\int_0^1x\left(-\frac{2}{\pi}\cos\frac{\pi}{2}x\right)'dx$

$\displaystyle=\left[x\left(-\frac{2}{\pi}\cos\frac{\pi}{2}x\right)\right]_0^1-\int_0^1\left(-\frac{2}{\pi}\cos\frac{\pi}{2}x\right)dx$

$\displaystyle=\left[\frac{4}{\pi^2}\sin\frac{\pi}{2}x\right]_0^1=\frac{4}{\pi^2}$ ――(答)

部分積分

$$\int uv'dx=uv-\int u'vdx$$

(3) $\displaystyle\lim_{n\to\infty}\left(\frac{1}{n+2}+\frac{1}{n+4}+\frac{1}{n+6}+\cdots+\frac{1}{n+2n}\right)$

$\displaystyle=\lim_{n\to\infty}\frac{1}{n}\left(\frac{1}{1+\frac{2}{n}}+\frac{1}{1+\frac{4}{n}}+\frac{1}{1+\frac{6}{n}}+\cdots+\frac{1}{1+\frac{2n}{n}}\right)$

$\dfrac{1}{n}$ を必ず前に出す。そのため分母は n で割る

$\displaystyle=\lim_{n\to\infty}\frac{1}{n}\sum_{k=1}^{n}\frac{1}{1+2\cdot\frac{k}{n}}=\int_0^1\frac{1}{1+2x}dx$

$\dfrac{k}{n}\to x$

$\displaystyle=\frac{1}{2}\int_0^1\frac{(1+2x)'}{1+2x}dx=\frac{1}{2}\Big[\log(1+2x)\Big]_0^1=\frac{1}{2}\log3$ ――(答)

$\displaystyle\int\frac{f'(x)}{f(x)}dx=\log|f(x)|+C$

◇マスター問題

次の極限値を求めよ。

(1) $\displaystyle\lim_{n\to\infty}\sum_{k=1}^{n}\frac{1}{n}\cos^2\left(\frac{k\pi}{4n}\right)$ 〈会津大〉

(2) $\displaystyle\lim_{n\to\infty}\sum_{k=1}^{n}\frac{1}{n+k}\{\log(n+k)-\log n\}$ 〈愛知教育大〉

◇チャレンジ問題

極限値 $\displaystyle\lim_{n\to\infty}\frac{1}{n}\sqrt[n]{(3n+1)(3n+2)\cdot\cdots\cdot(4n)}$ を求めよ。 〈琉球大〉

35 定積分と不等式(I)

不等式を利用した定積分の値と極限値

(1) $x \geqq 0$ に対して，次の不等式が成り立つことを示せ。

$x-\dfrac{1}{2}x^2 \leqq \log(1+x) \leqq x$

(2) 数列 $\{a_n\}$ を $a_n = n^2\displaystyle\int_0^{\frac{1}{n}} \log(1+x)dx$ $(n=1,\ 2,\ 3,\ \cdots)$ によって定めるとき，$\displaystyle\lim_{n\to\infty} a_n$ を求めよ。 〈新潟大〉

解 (1) (i) $f(x) = x - \log(1+x)$ とおくと

$f'(x) = 1 - \dfrac{1}{1+x} = \dfrac{x}{1+x} \geqq 0$ $(x \geqq 0$ より$)$

$f(x)$ は増加関数で $f(0)=0$ だから

$x \geqq 0$ で $f(x) \geqq 0$

よって，$x \geqq \log(1+x)$

(ii) $g(x) = \log(1+x) - \left(x - \dfrac{1}{2}x^2\right)$ とおくと

$g'(x) = \dfrac{1}{1+x} - 1 + x = \dfrac{x^2}{1+x} \geqq 0$ $(x \geqq 0$ より$)$

$g(x)$ は増加関数で $g(0)=0$ だから

$x \geqq 0$ で $g(x) \geqq 0$

よって，$\log(1+x) \geqq x - \dfrac{1}{2}x^2$

(i), (ii)により，$x \geqq 0$ のとき

$x - \dfrac{1}{2}x^2 \leqq \log(1+x) \leqq x$ ……① が成り立つ。

$f(x) = $(大きい方)$-$(小さい方)とおいて $f(x) \geqq 0$ を示す

(2) (1)より $0 \leqq x \leqq \dfrac{1}{n}$ において①が成り立つから

$$\int_0^{\frac{1}{n}} \left(x - \frac{1}{2}x^2\right)dx \leqq \int_0^{\frac{1}{n}} \log(1+x)dx \leqq \int_0^{\frac{1}{n}} xdx$$

$$\left[\frac{1}{2}x^2 - \frac{1}{6}x^3\right]_0^{\frac{1}{n}} \leqq \int_0^{\frac{1}{n}} \log(1+x)dx \leqq \left[\frac{1}{2}x^2\right]_0^{\frac{1}{n}}$$

$$\frac{1}{2n^2} - \frac{1}{6n^3} \leqq \int_0^{\frac{1}{n}} \log(1+x)dx \leqq \frac{1}{2n^2}$$

$$n^2\left(\frac{1}{2n^2} - \frac{1}{6n^3}\right) \leqq n^2\int_0^{\frac{1}{n}} \log(1+x)dx \leqq n^2 \cdot \frac{1}{2n^2}$$

よって，$\left(\dfrac{1}{2} - \dfrac{1}{6n}\right) \leqq a_n \leqq \dfrac{1}{2}$

$\displaystyle\lim_{n\to\infty}\left(\frac{1}{2} - \frac{1}{6n}\right) = \frac{1}{2}$ だから，はさみうちの原理より

$\displaystyle\lim_{n\to\infty} a_n = \frac{1}{2}$ ――(答)

$a \leqq x \leqq b$ で $f(x) \leqq g(x)$ のとき $\displaystyle\int_a^b f(x)dx \leqq \int_a^b g(x)dx$ が成り立つ

はさみうちの原理

$a_n \leqq c_n \leqq b_n$ のとき

$\displaystyle\lim_{n\to\infty} a_n = \alpha,\ \lim_{n\to\infty} b_n = \alpha$

ならば $\displaystyle\lim_{n\to\infty} c_n = \alpha$

◇マスター問題

(1)　$0 \leqq x \leqq \frac{\pi}{2}$ のとき，$\frac{2}{\pi}x \leqq \sin x$ が成り立つことを示せ。

(2)　$0 \leqq x \leqq \frac{\pi}{2}$ のとき，$\int_0^{\frac{\pi}{2}} e^{-\sin x}dx \leqq \frac{\pi}{2}\left(1-\frac{1}{e}\right)$ が成り立つことを示せ。　〈大阪教育大〉

◇チャレンジ問題

(1)　$y = \log(x+\sqrt{1+x^2})$ の導関数を求めよ。

(2)　$a > 0$ のとき，$\int_0^a \frac{1}{1+x^2}dx < \int_0^a \frac{1}{\sqrt{1+x^2}}dx$ が成り立つことを示せ。

(3)　不等式 $\frac{\pi}{4} < \log(1+\sqrt{2})$ が成り立つことを示せ。　〈鹿児島大〉

36 定積分と不等式(II)

❖ 定積分と数列の不等式 ❖

n が自然数のとき，次の不等式を証明せよ。

$$\sum_{k=1}^{n}\frac{1}{k^2} \leqq 2-\frac{1}{n}$$

〈岡山県立大〉

解 $\displaystyle\sum_{k=1}^{n}\frac{1}{k^2}=1+\frac{1}{2^2}+\frac{1}{3^2}+\cdots+\frac{1}{n^2} \leqq 2-\frac{1}{n}$ を示せばよい。

どのような数列の和なのか実際にかいてイメージする。数列の一般項が $\dfrac{1}{k^2}$ だから $y=\dfrac{1}{x^2}$ のグラフをかいて面積を考える

$f(x)=\dfrac{1}{x^2}$ は減少関数である。

自然数 k に対して，$k \leqq x \leqq k+1$ のとき

$$\frac{1}{(k+1)^2} \leqq \frac{1}{x^2}$$

$$\int_k^{k+1}\frac{1}{(k+1)^2}dx \leqq \int_k^{k+1}\frac{1}{x^2}dx \quad より \quad \frac{1}{(k+1)^2} \leqq \int_k^{k+1}\frac{1}{x^2}dx$$

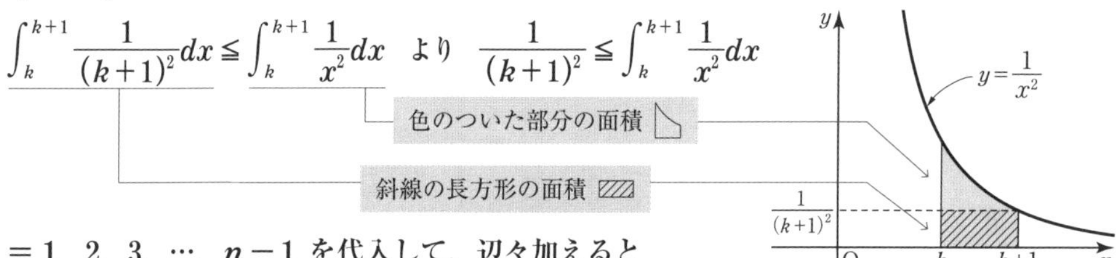

$k=1,\ 2,\ 3,\ \cdots,\ n-1$ を代入して，辺々加えると

$$\frac{1}{2^2}+\frac{1}{3^2}+\cdots+\frac{1}{n^2} \leqq \int_1^n\frac{1}{x^2}dx=\left[-\frac{1}{x}\right]_1^n=1-\frac{1}{n}$$

両辺に1を加えて

$$1+\frac{1}{2^2}+\frac{1}{3^2}+\cdots+\frac{1}{n^2} \leqq 2-\frac{1}{n}$$

← $n=1$ のとき，等号が成り立つ

参考 関数 $y=\dfrac{1}{x^2}$ のグラフで考える。

$y=\dfrac{1}{x^2}$ と x 軸で挟まれた $1 \leqq x \leqq n$ の部分の面積は

$$\int_1^n\frac{1}{x^2}dx=\left[-\frac{1}{x}\right]_1^n=-\frac{1}{n}+1 \quad \cdots\cdots①$$

斜線部分の長方形の面積の和は

$$\frac{1}{2^2}+\frac{1}{3^2}+\cdots+\frac{1}{n^2} \quad \cdots\cdots②$$

面積を比べると ②＜① だから

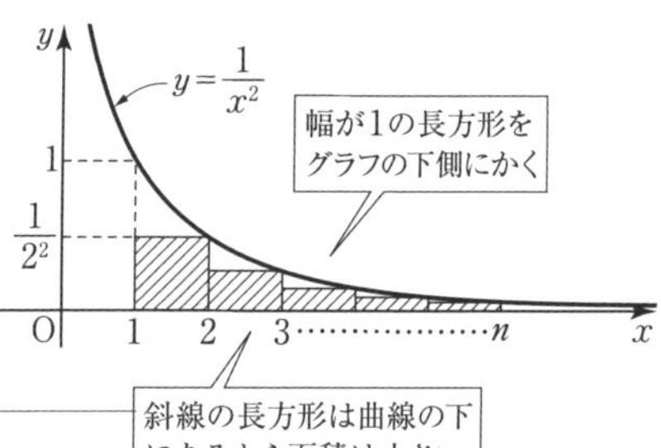

$$\frac{1}{2^2}+\frac{1}{3^2}+\cdots+\frac{1}{n^2} \leqq 1-\frac{1}{n}$$

両辺に1を加えて

$$1+\frac{1}{2^2}+\frac{1}{3^2}+\cdots+\frac{1}{n^2} \leqq 2-\frac{1}{n}$$

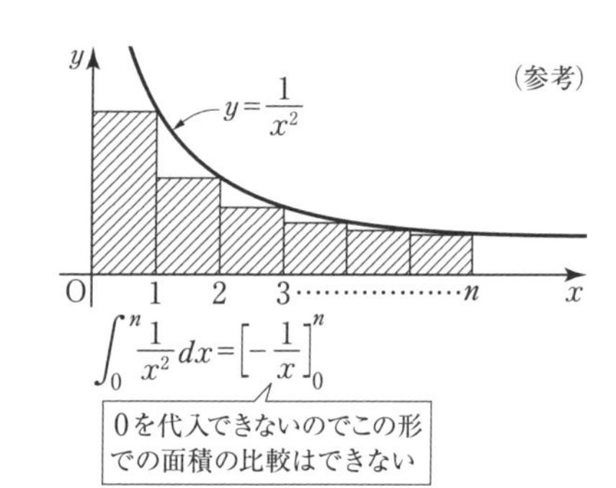

◇マスター問題

nを2以上の自然数とするとき，次の不等式が成り立つことを示せ。 〈三重大〉

$$\int_1^n \log x dx \leqq \log 2 + \log 3 + \cdots + \log n \leqq \int_2^{n+1} \log x dx$$

◇チャレンジ問題

上のマスター問題の不等式を利用して，次の不等式が成り立つことを示せ。

$$n^n e^{-n+1} \leqq n! \leqq \frac{1}{4}(n+1)^{n+1} e^{-n+1}$$

37 面積(I)

❖ 曲線とその接線，法線で囲まれた部分の面積 ❖

(1) 曲線 $y=\log x$ と曲線上の点 $(e,\ 1)$ における接線，および直線 $x=1$ で囲まれた部分の面積 S を求めよ。 〈大阪電通大〉

(2) 曲線 $y=\log x$ と曲線上の点 $(e,\ 1)$ における法線，および x 軸で囲まれた図形の面積 S を求めよ。 〈大阪工大〉

解 (1) $y=\log x$ より $y'=\dfrac{1}{x}$

点 $(e,\ 1)$ における接線の方程式は

$$y-1=\frac{1}{e}(x-e) \quad より \quad y=\frac{1}{e}x$$

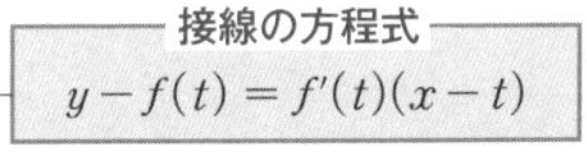

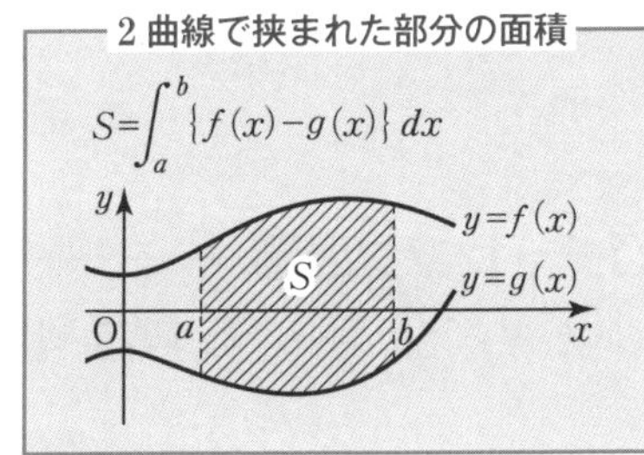

求める面積は上図の斜線部分だから

$$\begin{aligned}S&=\int_1^e\left(\frac{1}{e}x-\log x\right)dx\\&=\left[\frac{1}{2e}x^2-x\log x+x\right]_1^e\\&=\left(\frac{1}{2}e-e+e\right)-\left(\frac{1}{2e}+1\right)\\&=\frac{1}{2}e-\frac{1}{2e}-1 \quad \text{——(答)}\end{aligned}$$

$$\begin{aligned}\int\log x\,dx&=\int(x)'\log x\,dx\\&=x\log x-\int x\cdot\frac{1}{x}dx\\&=x\log x-x+C\end{aligned}$$

面積や体積を求めるときには，公式として使ってよいだろう

(2) 法線の方程式は，傾きが $-e$ だから

$$y-1=-e(x-e) \quad より \quad y=-ex+e^2+1$$

2 直線の垂直 $\Longleftrightarrow mm'=-1$

$\dfrac{1}{e}\cdot m'=-1$ より $m'=-e$

法線と x 軸との交点は

$$-ex+e^2+1=0 \quad より \quad x=e+\frac{1}{e}$$

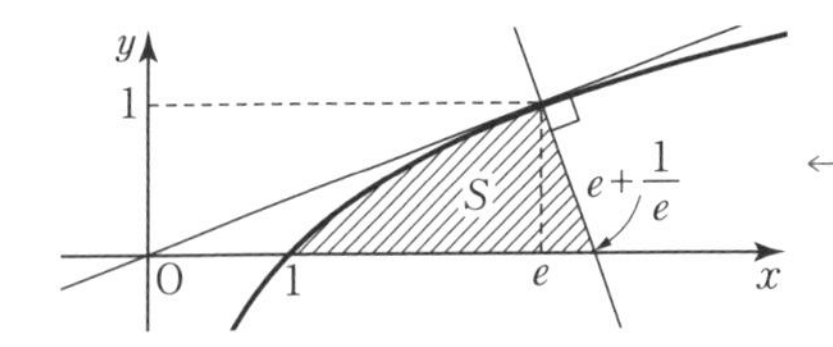

グラフと法線をかいて求める部分を確認する

求める面積は上図の斜線部分だから

$$\begin{aligned}S&=\int_1^e\log x\,dx+\frac{1}{2}\cdot\frac{1}{e}\cdot1\\&=\Big[x\log x-x\Big]_1^e+\frac{1}{2e}=1+\frac{1}{2e} \quad \text{——(答)}\end{aligned}$$

◇マスター問題

(1) 曲線 $y=\sqrt{3x-9}$ と x 軸，および直線 $x=6$ で囲まれた部分の面積を求めよ。〈岩手大〉

(2) 2つの曲線 $y=\cos\frac{\pi x}{2}$，$y=x^2-1$ で囲まれた部分の面積を求めよ。〈愛媛大〉

◇チャレンジ問題

関数 $y=xe^{-x}$ のグラフを C とする。次の各問いに答えよ。

(1) 増減，極値を調べて，グラフをかけ。ただし，$\lim_{x\to\infty} xe^{-x}=0$ を用いてよい。

(2) C の変曲点Pにおける接線 l の方程式を求めよ。

(3) l と x 軸の交点の x 座標を a とするとき，C と l，および直線 $x=a$ で囲まれた部分の面積を求めよ。〈成蹊大〉

38 面積(II)

三角関数のグラフで囲まれた部分の面積

$0 \leqq x \leqq \frac{4}{3}\pi$ の範囲で，2つの曲線 $y = \cos x$，$y = \cos 2x$ によって囲まれた部分の面積を求めよ。 〈兵庫医大〉

解 $y = \cos x$ と $y = \cos 2x$ のグラフは，次のようになる。

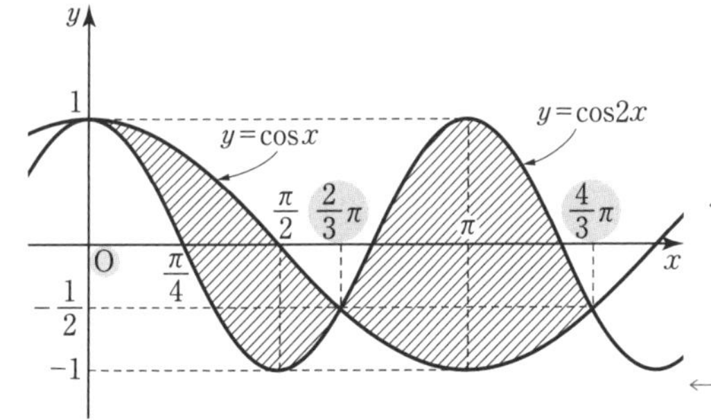

面積を求める場合は，まずグラフの概形をかいて，どの部分の面積なのか確認する。これが最重要

2曲線の交点の x 座標は

$\cos x = \cos 2x$ より

$\cos x = 2\cos^2 x - 1$

$2\cos^2 x - \cos x - 1 = 0$

$(\cos x - 1)(2\cos x + 1) = 0$

$\cos x = 1,\ -\frac{1}{2}$

$0 \leqq x \leqq \frac{4}{3}\pi$ だから $x = 0,\ \frac{2}{3}\pi,\ \frac{4}{3}\pi$

曲線と曲線の交点を求め，グラフにかく。ここでミスしたら正しい答は求まらない

よって，求める面積を S とすると

$$S = \int_0^{\frac{2}{3}\pi} (\cos x - \cos 2x)dx + \int_{\frac{2}{3}\pi}^{\frac{4}{3}\pi} (\cos 2x - \cos x)dx$$

$0 \leqq x \leqq \frac{2}{3}\pi$ では $\cos x \geqq \cos 2x$

$\frac{2}{3}\pi \leqq x \leqq \frac{4}{3}\pi$ では $\cos x \leqq \cos 2x$

$$= \left[\sin x - \frac{1}{2}\sin 2x\right]_0^{\frac{2}{3}\pi} + \left[\frac{1}{2}\sin 2x - \sin x\right]_{\frac{2}{3}\pi}^{\frac{4}{3}\pi}$$

三角関数の値でミスすることが多いので慎重に

$$= \left\{\frac{\sqrt{3}}{2} - \frac{1}{2}\left(-\frac{\sqrt{3}}{2}\right)\right\}$$

$$+ \left\{\frac{1}{2}\cdot\frac{\sqrt{3}}{2} - \left(-\frac{\sqrt{3}}{2}\right)\right\} - \left\{\frac{1}{2}\left(-\frac{\sqrt{3}}{2}\right) - \frac{\sqrt{3}}{2}\right\}$$

$$= \frac{3\sqrt{3}}{4} + \frac{3\sqrt{3}}{4} + \frac{3\sqrt{3}}{4} = \frac{9\sqrt{3}}{4}$$ ――(答)

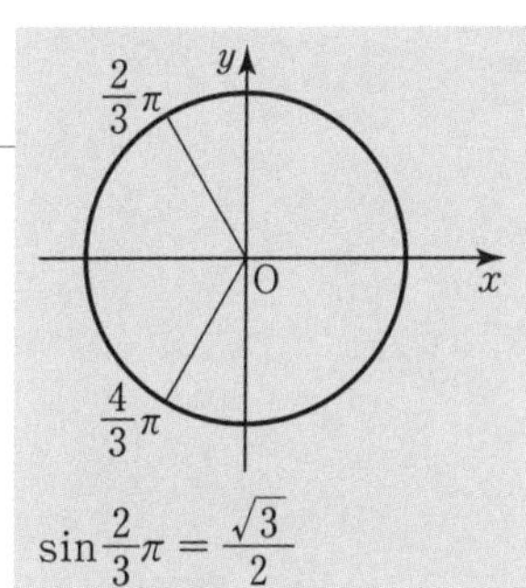

$\sin\frac{2}{3}\pi = \frac{\sqrt{3}}{2}$

$\sin\frac{4}{3}\pi = -\frac{\sqrt{3}}{2}$

◇マスター問題

2つの曲線 $C_1: y=\sin x$, $C_2: y=\sqrt{3}\cos x$ を考える。ただし, $-\pi \leqq x \leqq \pi$ とする。C_1 と C_2 で囲まれた部分の面積を求めよ。 〈埼玉大〉

◇チャレンジ問題

放射線 $y^2=3(x+1)$ と直線 $x=2$ で囲まれた部分の面積を求めよ。 〈昭和薬大〉

39 体積(I)

❖ x 軸回転・y 軸回転した立体の体積 ❖

曲線 $y=e^x$ とこの接線 $y=ex$，および y 軸で囲まれた部分について

(1) x 軸のまわりに1回転してできる立体の体積 V_x を求めよ。

(2) y 軸のまわりに1回転してできる立体の体積 V_y を求めよ。〈摂南大〉

解 (1) 求める体積は，右図の斜線部分を x 軸のまわりに1回転したものだから

$$V_x=\pi\int_0^1(e^x)^2dx-\pi\int_0^1(ex)^2dx$$

（第1項：斜線部分＋点描部分，第2項：点描部分）

$$=\pi\int_0^1 e^{2x}dx-\pi\int_0^1 e^2x^2dx$$

$$=\pi\left[\frac{1}{2}e^{2x}\right]_0^1-\pi\left[\frac{1}{3}e^2x^3\right]_0^1$$

$$=\frac{\pi}{2}(e^2-1)-\frac{\pi}{3}e^2=\frac{\pi(e^2-3)}{6}\text{ ——(答)}$$

円錐の体積として求めてもよい。$\frac{1}{3}\pi\cdot e^2\cdot 1=\frac{\pi}{3}e^2$

(2) (1)と同じ斜線部分を y 軸のまわりに1回転したものである。

$y=e^x \Longrightarrow x=\log y$

$y=ex \Longrightarrow x=\frac{1}{e}y$

$y=f(x)$ の式を $x=g(y)$ の式にする

と表せるから

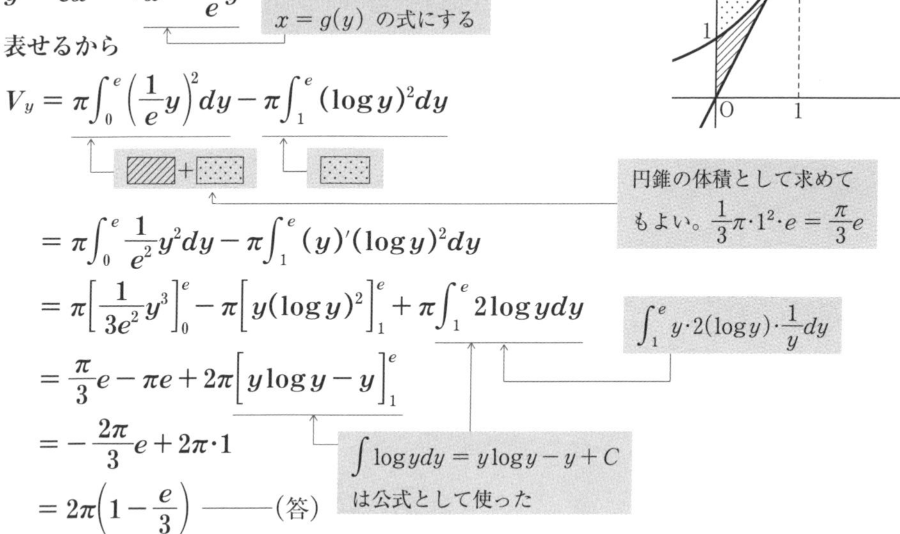

$$V_y=\pi\int_0^e\left(\frac{1}{e}y\right)^2dy-\pi\int_1^e(\log y)^2dy$$

（第1項：斜線部分＋点描部分，第2項：点描部分）

円錐の体積として求めてもよい。$\frac{1}{3}\pi\cdot 1^2\cdot e=\frac{\pi}{3}e$

$$=\pi\int_0^e\frac{1}{e^2}y^2dy-\pi\int_1^e(y)'(\log y)^2dy$$

$$=\pi\left[\frac{1}{3e^2}y^3\right]_0^e-\pi\left[y(\log y)^2\right]_1^e+\pi\int_1^e 2\log y\,dy$$

$\int_1^e y\cdot 2(\log y)\cdot\frac{1}{y}dy$

$$=\frac{\pi}{3}e-\pi e+2\pi\left[y\log y-y\right]_1^e$$

$$=-\frac{2\pi}{3}e+2\pi\cdot 1$$

$$=2\pi\left(1-\frac{e}{3}\right)\text{ ——(答)}$$

$\int\log y\,dy=y\log y-y+C$ は公式として使った

◇マスター問題

曲線 $y=\dfrac{1}{x}$ 上に点 A$(1,\ 1)$，B$\left(2,\ \dfrac{1}{2}\right)$ をとる。線分 OA，OB，および曲線の弧 AB で囲まれた部分を x 軸のまわりに 1 回転してできる立体の体積を求めよ。 〈防衛大〉

◇チャレンジ問題

2 つの曲線 $y=\dfrac{1}{2}x^2$ と $y=e\log x$ は点 $\left(\sqrt{e},\ \dfrac{e}{2}\right)$ で接している。この 2 曲線と x 軸で囲まれた図形を y 軸のまわりに 1 回転してできる立体の体積 V を求めよ。 〈東北学院大〉

40 体積(II)

❖ 三角関数で表される曲線の回転体 ❖

(1) 曲線 $y=\sin x\ (0 \leqq x \leqq \pi)$ と x 軸で囲まれた部分を x 軸のまわりに1回転してできる立体の体積 V を求めよ。

(2) 2つの曲線 $y=2\cos x\left(0 \leqq x \leqq \dfrac{\pi}{2}\right)$, $y=\dfrac{1}{\cos x}\left(0 \leqq x < \dfrac{\pi}{2}\right)$ と y 軸で囲まれた図形を x 軸のまわりに1回転してできる立体の体積を求めよ。 〈兵庫県立大〉

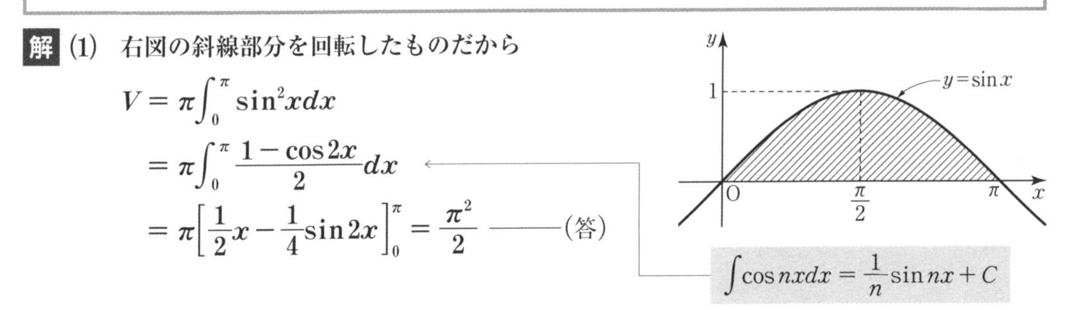

解 (1) 右図の斜線部分を回転したものだから

$$V=\pi\int_0^{\pi}\sin^2 x\,dx$$
$$=\pi\int_0^{\pi}\frac{1-\cos 2x}{2}dx$$
$$=\pi\left[\frac{1}{2}x-\frac{1}{4}\sin 2x\right]_0^{\pi}=\frac{\pi^2}{2} \quad \text{———(答)}$$

$\displaystyle\int \cos nx\,dx=\frac{1}{n}\sin nx+C$

(2) $y=2\cos x$ と $y=\dfrac{1}{\cos x}$ のグラフをかく。

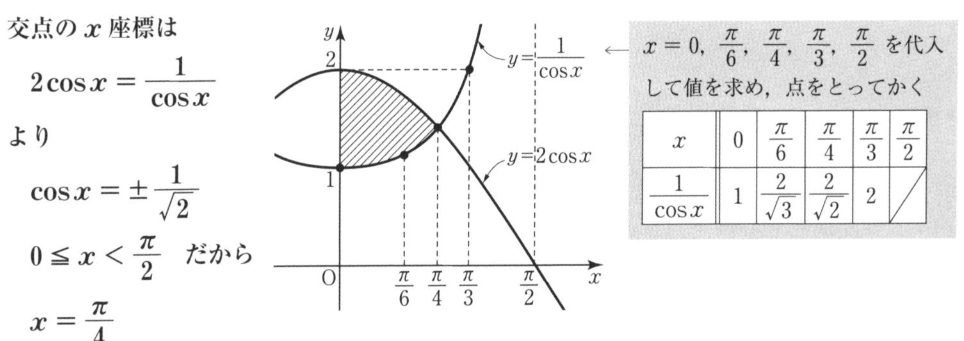

交点の x 座標は

$$2\cos x=\frac{1}{\cos x}$$

より

$$\cos x=\pm\frac{1}{\sqrt{2}}$$

$0 \leqq x < \dfrac{\pi}{2}$ だから

$$x=\frac{\pi}{4}$$

$x=0,\ \dfrac{\pi}{6},\ \dfrac{\pi}{4},\ \dfrac{\pi}{3},\ \dfrac{\pi}{2}$ を代入して値を求め，点をとってかく

x	0	$\frac{\pi}{6}$	$\frac{\pi}{4}$	$\frac{\pi}{3}$	$\frac{\pi}{2}$
$\frac{1}{\cos x}$	1	$\frac{2}{\sqrt{3}}$	$\frac{2}{\sqrt{2}}$	2	／

よって，求める体積を V とすると，上図の斜線部分を回転したものだから

$$V=\pi\int_0^{\frac{\pi}{4}}(2\cos x)^2dx-\pi\int_0^{\frac{\pi}{4}}\left(\frac{1}{\cos x}\right)^2dx$$

$4\cos^2 x=4\cdot\dfrac{1+\cos 2x}{2}=2(1+\cos 2x)$

$$=\pi\int_0^{\frac{\pi}{4}}2(1+\cos 2x)dx-\pi\int_0^{\frac{\pi}{4}}\frac{1}{\cos^2 x}dx$$

$\displaystyle\int\frac{1}{\cos^2 x}dx=\tan x+C$

$$=\pi\Big[2x+\sin 2x\Big]_0^{\frac{\pi}{4}}-\pi\Big[\tan x\Big]_0^{\frac{\pi}{4}}$$
$$=\pi\left(\frac{\pi}{2}+1\right)-\pi\cdot 1$$
$$=\frac{\pi^2}{2} \quad \text{———(答)}$$

◇マスター問題

曲線 $y=\tan x$ $\left(0 \leqq x \leqq \dfrac{\pi}{4}\right)$，直線 $x=\dfrac{\pi}{4}$，および x 軸で囲まれた部分を S とするとき，S を x 軸のまわりに 1 回転してできる立体の体積を求めよ。 〈宮崎大〉

◇チャレンジ問題

$-\dfrac{\pi}{2} \leqq x \leqq \dfrac{\pi}{2}$ の範囲で，2 つの曲線 $y=1+\cos x$ と $y=1-\dfrac{1}{2}\cos x$ で囲まれた図形を，x 軸のまわりに 1 回転してできる回転体の体積を求めよ。 〈愛知教育大〉

41 媒介変数表示による曲線と面積・体積

❖ サイクロイドの面積と体積 ❖

点 P$(x,\ y)$ が $x=t-\sin t$, $y=1-\cos t$ $(0\leqq t\leqq \pi)$ で表されるとき，P が描く曲線と x 軸，および直線 $x=\pi$ で囲まれた部分の面積 S と，x 軸のまわりに 1 回転させた立体の体積 V を求めよ。 〈筑波大〉

解 $x=t-\sin t$, $y=1-\cos t$ より

$$\frac{dx}{dt}=1-\cos t\geqq 0,\quad \frac{dy}{dt}=\sin t\geqq 0$$

グラフは右図（サイクロイド）になる。

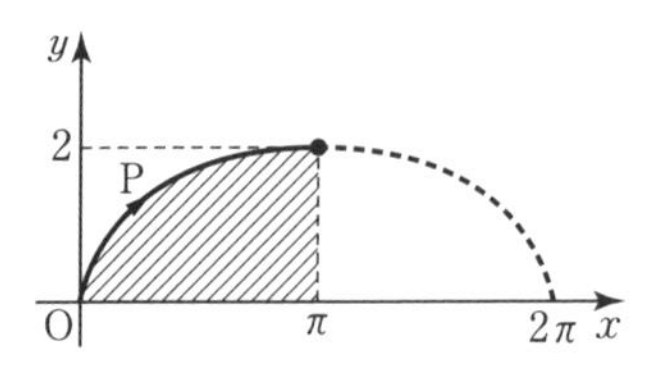

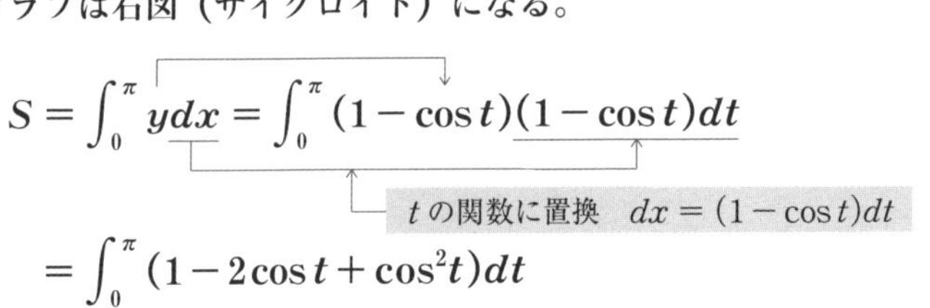

$$S=\int_0^{\pi} y\,dx=\int_0^{\pi}(1-\cos t)(1-\cos t)dt$$

x	$0\to\pi$
t	$0\to\pi$

$$=\int_0^{\pi}(1-2\cos t+\cos^2 t)dt$$

$$=\int_0^{\pi}\left(1-2\cos t+\frac{1+\cos 2t}{2}\right)dt$$

$$=\left[\frac{3}{2}t-2\sin t+\frac{1}{4}\sin 2t\right]_0^{\pi}$$

$$=\frac{3}{2}\pi \text{ ——(答)}$$

$$V=\pi\int_0^{\pi} y^2dx=\pi\int_0^{\pi}(1-\cos t)^2(1-\cos t)dt$$

$$=\pi\int_0^{\pi}(1-3\cos t+3\cos^2 t-\cos^3 t)dt$$

$$=\pi\int_0^{\pi}\left(1-3\cos t+3\cdot\frac{1+\cos 2t}{2}-\frac{\cos 3t+3\cos t}{4}\right)dt$$

$$=\pi\int_0^{\pi}\left(\frac{5}{2}-\frac{15}{4}\cos t+\frac{3}{2}\cos 2t-\frac{1}{4}\cos 3t\right)dt$$

$$=\pi\left[\frac{5}{2}t-\frac{15}{4}\sin t+\frac{3}{4}\sin 2t-\frac{1}{12}\sin 3t\right]_0^{\pi}$$

$$=\frac{5}{2}\pi^2 \text{ ——(答)}$$

媒介変数で表された曲線の面積 S・体積 V

$x=f(t)$, $y=g(t)$

x	$a\to b$
t	$\alpha\to\beta$

$a=g(\alpha)$
$b=g(\beta)$
$dx=f'(t)dt$

$$S=\int_a^b y\,dx=\int_\alpha^\beta g(t)f'(t)dt$$

$$V=\pi\int_a^b y^2dx=\pi\int_\alpha^\beta \{g(t)\}^2 f'(t)dt$$

どちらも t の関数に置換して求める。

$\cos 3t=4\cos^3 t-3\cos t$ より

$$\cos^3 t=\frac{\cos 3t+3\cos t}{4}$$

$\int\cos^3 t\,dt=\int(1-\sin^2 t)\cos t\,dt$

$\sin t=s$ とおいて置換してもよい

◇マスター問題

(1) 点 P$(x,\ y)$ が $x=\sin t,\ y=\sin 2t\ \left(0 \leqq t \leqq \dfrac{\pi}{2}\right)$ で表されるとき，点 P の描く曲線 C を図示せよ。

(2) C と x 軸で囲まれた部分の面積を求めよ。 〈茨城大〉

◇チャレンジ問題

上の問題(1)の曲線 C と x 軸で囲まれた図形を x 軸のまわりに 1 回転してできる立体の体積を求めよ。 〈茨城大〉

1 分数関数

●マスター問題

(1) $a=-6$, $b=7$, $c=2$

(2) グラフ省略, $-1<x<1$, $2<x$

●チャレンジ問題

$C: y=\dfrac{3x-1}{2x+1}$, 対称移動 : $y=\dfrac{3x+7}{2x+3}$

2 無理関数

●マスター問題

$\dfrac{1}{2}\leqq x<1$, $5<x$

●チャレンジ問題

$$\begin{cases} 0<a<\dfrac{-1+\sqrt{2}}{2} \text{ のとき 2 個} \\ -1\leqq a\leqq 0,\ a=\dfrac{-1+\sqrt{2}}{2} \text{ のとき 1 個} \\ a<-1,\ \dfrac{-1+\sqrt{2}}{2}<a \text{ のとき 0 個} \end{cases}$$

3 逆関数

●マスター問題

(1) 値域は $1\leqq y\leqq\sqrt{3}$, 逆関数は $y=x^2-2$,
定義域は $1\leqq x\leqq\sqrt{3}$, 値域は $-1\leqq y\leqq 1$

(2) 逆関数は $y=\dfrac{-2x+5}{x-2}$ 定義域は $\dfrac{9}{4}\leqq x\leqq\dfrac{5}{2}$

●チャレンジ問題

(1) $a=2$, $b=1$, $f^{-1}(x)=\dfrac{1}{2}x-\dfrac{1}{2}$

(2) $f^{-1}(x)=\dfrac{1}{2}\log\dfrac{1+x}{1-x}$

4 合成関数

●マスター問題

$a=5$, $b=10$, $c=1$

●チャレンジ問題

(1) グラフ省略 (2) $\alpha=\dfrac{2}{3}$

5 数列とその極限(I)

●マスター問題

(1) $\dfrac{1}{2}$ (2) $\dfrac{3}{2}$

●チャレンジ問題

(1) -1 (2) $\dfrac{1}{8}$

6 数列とその極限(II)

●マスター問題

(1) (i) 2 (ii) $\dfrac{52}{207}$

(2) $\begin{cases} 3 & (|r|<1) \\ \dfrac{1}{r} & (|r|>1) \\ 2 & (r=1) \end{cases}$

●チャレンジ問題

$\begin{cases} 0 & (r<-1,\ 5<r) \\ \dfrac{1}{3} & (r=5) \\ \infty & (2<r<5) \\ \text{振動} & (-1\leqq r<2) \end{cases}$

7 漸化式と極限

●マスター問題

(1) 1 (2) $\dfrac{11}{3}$

●チャレンジ問題

(1) $\dfrac{1}{2}$, $b_{n+1}={b_n}^2$ (2) $\dfrac{1}{2}$

8 関数の極限

●マスター問題

(1) 7 (2) $\dfrac{1}{6}$ (3) $\dfrac{1}{3}$ (4) 2

●チャレンジ問題

(1) -1 (2) 2

9 関数の極限と係数決定

●マスター問題

(1) $a=4$, $b=-5$ (2) $a=4$, $b=8$

●チャレンジ問題

$a=1$, $b=-2$

10 三角関数の極限

●マスター問題

(1) (i) 2 (ii) 2

(2) $a=2$, $b=\dfrac{\pi}{3}$

●チャレンジ問題

(1) $\dfrac{4}{3}$ (2) $\dfrac{1}{\pi}$

11 e に関する極限値

●マスター問題

(1) e^3 (2) $\dfrac{1}{e\sqrt{e}}$ (3) $\dfrac{1}{e}$ (4) $\dfrac{1}{2}$

●チャレンジ問題

(1) 2 (2) 1

12 微分法(I)

●マスター問題

(1) $y'=10x^4-24x^3+3x^2-2x-6$

(2) $y'=\dfrac{3x+4}{\sqrt{2x+3}}$

(3) $y'=\dfrac{1-x^2}{(1+x+x^2)^2}$ (4) $y'=\dfrac{x}{\sqrt{x^2+1}}$

(5) $y'=\dfrac{3x^2(1-x^2)}{(x^2+1)^4}\left(=-\dfrac{3x^2(x^2-1)}{(x^2+1)^4}\right)$

(6) $y'=\dfrac{1}{(x^2+1)\sqrt{x^2+1}}$

●チャレンジ問題

$y'=\dfrac{\sqrt{x+\sqrt{1+x^2}}}{2\sqrt{1+x^2}}$

13 微分法(II)

●マスター問題

(1) $y'=2\cos^2x+\cos x-1$ (2) $y'=\cos x e^{1+\sin x}$

(3) $y'=(\log x)^2+2\log x$ (4) $y'=\dfrac{1}{\sqrt{x^2+1}}$

(5) $y'=x\{2\sin(3x+5)+3x\cos(3x+5)\}$

(6) $y'=\dfrac{4}{(e^x+e^{-x})^2}$

●チャレンジ問題

(1) $y'=\dfrac{x-2\sin x\cos x}{x^3\cos^2x}$ (2) $y'=\dfrac{1}{\sin x}$

14 いろいろな微分法

●マスター問題

(1) $y'=\left(\dfrac{2}{x}\right)^x\log\dfrac{2}{ex}$ (2) 省略 (3) $\dfrac{dy}{dx}=\tan\theta$

●チャレンジ問題

$a=-2$

15　接線の方程式

●マスター問題

(1)　$y=\left(\sqrt{2}+\dfrac{\sqrt{2}}{4}\pi\right)x-\dfrac{\sqrt{2}}{16}\pi^2$　(2)　$\dfrac{1}{2}$

●チャレンジ問題

$y=\dfrac{1}{2e}x$

16　共通接線

●マスター問題

$a=\dfrac{1}{3e}$，接点は $\left(\sqrt[3]{e},\ \dfrac{1}{3}\right)$，

接線の方程式は $y=\dfrac{1}{\sqrt[3]{e}}x-\dfrac{2}{3}$

●チャレンジ問題

$y=4x-4$

17　関数のグラフ(I)

●マスター問題

$a=1$，増減表は次のようになる（グラフ省略）。

x	$\cdots$	-2	$\cdots$	1	$\cdots$
$f'(x)$	$-$	0	$+$	0	$-$
$f(x)$	↘	$-\frac{1}{2}$	↗	1	↘

●チャレンジ問題

増減表は次のようになる（グラフ省略）。

x	0	$\cdots$	π	$\cdots$	2π
$f'(x)$		$+$	0	$+$	
$f(x)$	0	↗	π	↗	2π

18　関数のグラフ(II)

●マスター問題

増減表は次のようになる（グラフ省略）。

x	-3	$\cdots$	-2	$\cdots$	-1	$\cdots$	0
$f'(x)$		$-$	$-$	$-$	0	$+$	
$f''(x)$		$-$	0	$+$	$+$	$+$	
$f(x)$	$-\frac{3}{e^3}$	⤵	$-\frac{2}{e^2}$	↘	$-\frac{1}{e}$	⤴	0

●チャレンジ問題

増減表は次のようになる（グラフ省略）。

x	$\cdots$	$-\sqrt{3}$	$\cdots$	-1	$\cdots$	0	$\cdots$	1	$\cdots$	$\sqrt{3}$	$\cdots$
$f'(x)$	$-$	$-$	$-$	0	$+$	$+$	$+$	0	$-$	$-$	$-$
$f''(x)$	$-$	0	$+$	$+$	$+$	0	$-$	$-$	$-$	0	$+$
$f(x)$	⤵	$-\sqrt{3}$	↘	-2	⤴	0	↗	2	⤵	$\sqrt{3}$	↘

$x=-1$ のとき極小値 -2，

$x=1$ のとき極大値 2，

変曲点は $(0,\ 0)$，$(-\sqrt{3},\ -\sqrt{3})$，$(\sqrt{3},\ \sqrt{3})$，

漸近線は x 軸 $(y=0)$

19　関数の最大・最小(I)

●マスター問題

$x=\dfrac{1}{e^2}$ のとき最大値 $\dfrac{4}{e^2}$

●チャレンジ問題

$x=\dfrac{1}{3}$ のとき最大値 $\dfrac{9}{2}$，$x=-3$ のとき最小値 $-\dfrac{1}{2}$

20　関数の最大・最小(II)

●マスター問題

$x=\dfrac{\pi}{2}$ のとき最大値 $\dfrac{\pi}{2}+1$，$x=\pi$ のとき最小値 0

●チャレンジ問題

$x=\dfrac{\pi}{6}$ のとき最大値 1

21　関数の増減の応用

●マスター問題

(1)　$f'(x)=\dfrac{x-(x+1)\log(x+1)}{x^2(x+1)}$　(2)　省略

●チャレンジ問題

(1)，(2)　省略

22　方程式への応用

●マスター問題

$k<0$，$\dfrac{2}{e}<k$ のとき　0 個

$0\leqq k<\dfrac{4}{e^2}$，$k=\dfrac{2}{e}$ のとき　1 個

$\dfrac{4}{e^2}\leqq k<\dfrac{2}{e}$ のとき　2 個

●チャレンジ問題

$k<-e^{2\pi}$，$e^{\pi}<k$　のとき　0 個

$-e^{2\pi}\leqq k<-1$，$k=e^{\pi}$　のとき　1 個

$-1\leqq k<e^{\pi}$　のとき　2 個

23　不等式への応用(I)

●マスター問題

(1)，(2)　省略

●チャレンジ問題

省略

24　不等式への応用(II)

●マスター問題

(1)，(2)　省略

●チャレンジ問題

(1)　省略　(2)　0　(3)　$\dfrac{e}{(e-1)^2}$

25　中間値の定理／平均値の定理

●マスター問題

省略

●チャレンジ問題

省略

26　不定積分・定積分

●マスター問題

(1)　$-\dfrac{1}{2}x^2-2x-4\log|x-2|+C$　（C は積分定数）

(2)　$\dfrac{2}{3}(x+1)\sqrt{x+1}-x+C$　（C は積分定数）

(3)　$2e^{\frac{x}{2}}-\dfrac{3^x}{3\log 3}+C$　（C は積分定数）

(4)　$\dfrac{1}{2}\log\left|\dfrac{x+1}{x+3}\right|+C$　（C は積分定数）

(5) $1-\dfrac{\pi}{4}$ (6) $\dfrac{\pi}{8}+\dfrac{\sqrt{3}}{32}$

●チャレンジ問題

$\dfrac{e^2-1}{2e}$

27 置換積分

●マスター問題

(1) $\dfrac{1}{2}e^{x^2-1}+C$ （C は積分定数）

(2) $-\cos x+2\log|\cos x+2|+C$ （C は積分定数）

(3) $\dfrac{1}{3}$ (4) $\log 3$

●チャレンジ問題

(1) $\log 2$ (2) $\log(1+\sqrt{2})$

28 部分積分

●マスター問題

(1) 1 (2) $\dfrac{\sqrt{2}}{24}\pi+\dfrac{\sqrt{2}}{18}$ (3) $\dfrac{e^2-3}{4}$ (4) $-\dfrac{2}{\sqrt{e}}$

●チャレンジ問題

(1) $\dfrac{1}{5}e^x(2\sin 2x+\cos 2x)+C$ （C は積分定数）

(2) $\dfrac{\pi}{4}-\dfrac{1}{2}\log 2$

29 三角関数を利用する置換積分

●マスター問題

(1) $\dfrac{\pi}{6}-\dfrac{\sqrt{3}}{8}$ (2) $\dfrac{\pi}{8}$

●チャレンジ問題

$\dfrac{\pi}{8}$

30 絶対値がついた関数の定積分

●マスター問題

$8\log 2+2e-10$

●チャレンジ問題

$x=\dfrac{\pi}{4}$ のとき最小値 $2-\sqrt{2}$，$x=0,\ \dfrac{\pi}{2}$ のとき最大値 1

31 定積分で表された関数(I)

●マスター問題

(1) $f(x)=e^x-\dfrac{e-1}{2}$ (2) $f(x)=\cos x+\dfrac{2}{2-\pi}$

●チャレンジ問題

$f(x)=\log x-1$ または $f(x)=\log x-\dfrac{1}{3}$

32 定積分で表された関数(II)

●マスター問題

$f(x)=2e^{2x}$，$a=1$

●チャレンジ問題

(1) $\displaystyle\int_a^x f(t)dt=2\cos x-1$ (2) $f(x)=-2\sin x$

(3) $a=\dfrac{\pi}{3}$，$b=\dfrac{\pi}{3}-\sqrt{3}$

33 定積分の漸化式

●マスター問題

(1) $I_{n+2}=\dfrac{n+1}{n+2}I_n$ (2) $I_0=\dfrac{\pi}{2}$，$I_6=\dfrac{5}{32}\pi$

●チャレンジ問題

(1) 1 (2) $S_{n+1}=e-(n+1)S_n$ (3) 0 (4) e

34 定積分と級数

●マスター問題

(1) $\dfrac{1}{2}+\dfrac{1}{\pi}$ (2) $\dfrac{1}{2}(\log 2)^2$

●チャレンジ問題

$\dfrac{256}{27e}$

35 定積分と不等式(I)

●マスター問題

省略

●チャレンジ問題

(1) $y'=\dfrac{1}{\sqrt{x^2+1}}$ (2) (3) 省略

36 定積分と不等式(II)

●マスター問題

省略

●チャレンジ問題

省略

37 面積(I)

●マスター問題

(1) 6 (2) $\dfrac{4}{\pi}+\dfrac{4}{3}$

●チャレンジ問題

(1) $x<1$ で増加し，$1<x$ で減少する

$x=1$ のとき極大値 $\dfrac{1}{e}$，グラフ省略

(2) $y=-\dfrac{1}{e^2}x+\dfrac{4}{e^2}$ (3) $\dfrac{1}{e^2}-\dfrac{5}{e^4}$

38 面積(II)

●マスター問題

4

●チャレンジ問題

12

39 体積(I)

●マスター問題

$\dfrac{2}{3}\pi$

●チャレンジ問題

$V=\dfrac{\pi}{4}e(e-2)$

40 体積(II)

●マスター問題

$\pi\left(1-\dfrac{\pi}{4}\right)$

●チャレンジ問題

$3\pi\left(2+\dfrac{\pi}{8}\right)$

41 媒介変数表示による曲線と面積・体積

●マスター問題

(1) 図省略 (2) $\dfrac{2}{3}$

●チャレンジ問題

$\dfrac{8}{15}\pi$

短期集中ゼミノート数学Ⅲ　解答

実教出版

1　分数関数

●マスター問題

(1)　漸近線が $x=\frac{1}{2}$，$y=-3$ だから

$y=\dfrac{k}{x-\frac{1}{2}}-3$ とおける。

点（1，1）を通るから

$1=\dfrac{k}{1-\frac{1}{2}}-3$

$2k=4$ より $k=2$

よって，$y=\dfrac{2}{x-\frac{1}{2}}-3=\dfrac{-6x+7}{2x-1}$

$y=\dfrac{-6x+7}{2x-1} \Longleftrightarrow y=\dfrac{ax+b}{cx-1}$

これより，$\boldsymbol{a=-6}$，$\boldsymbol{b=7}$，$\boldsymbol{c=2}$

(2)　$y=\dfrac{8x-4}{x+1}=\dfrac{8(x+1)-12}{x+1}$

$=\dfrac{-12}{x+1}+8$

よって，グラフは下図のようになる。

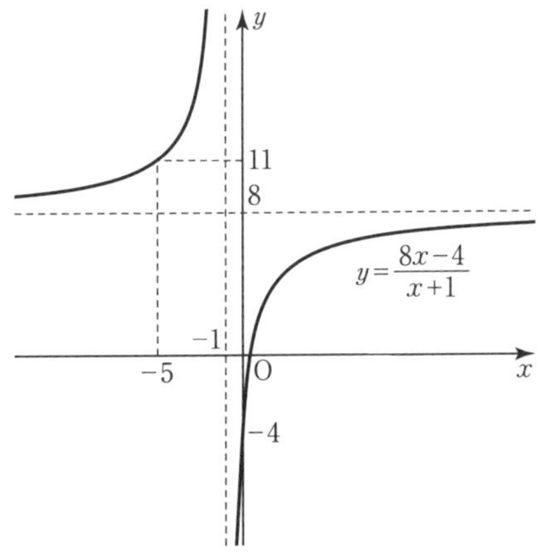

グラフと $y=2x$ の交点は

$\dfrac{8x-4}{x+1}=2x$ より

$8x-4=2x(x+1)$

$2x^2-6x+4=0$

$x^2-3x+2=0$

$(x-1)(x-2)=0$

よって，$x=1$，2

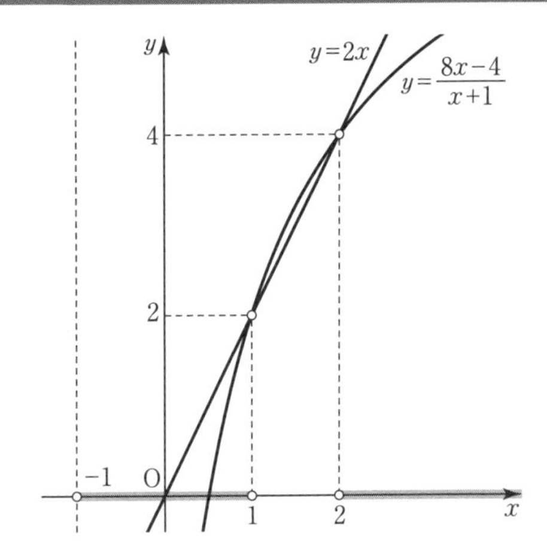

上のグラフより

$\boldsymbol{-1<x<1,\ 2<x}$

●チャレンジ問題

C の方程式は，$y=-\dfrac{5}{4x}$ について

$x \to x+\dfrac{1}{2}$，$y \to y-\dfrac{3}{2}$ を代入して

$y-\dfrac{3}{2}=-\dfrac{5}{4\left(x+\frac{1}{2}\right)}$

$y=\dfrac{-5}{4x+2}+\dfrac{3}{2}=\dfrac{6x-2}{4x+2}=\dfrac{3x-1}{2x+1}$

よって，$\boldsymbol{y=\dfrac{3x-1}{2x+1}}$

また，直線 $x=-1$ に関する対称移動は曲線 C 上の点を $(s,\ t)$，対称移動した曲線上の点を $(x,\ y)$ とすると

$t=\dfrac{3s-1}{2s+1}$ ……①

$\begin{cases} \dfrac{s+x}{2}=-1 \\ t=y \end{cases}$

$s=-x-2$，$t=y$

を①に代入して

$y=\dfrac{3(-x-2)-1}{2(-x-2)+1}=\dfrac{-3x-7}{-2x-3}$

よって，$\boldsymbol{y=\dfrac{3x+7}{2x+3}}$

2 無理関数

●マスター問題

$y=\sqrt{2x-1}$ と $y=\frac{1}{2}(x+1)$

のグラフをかく。

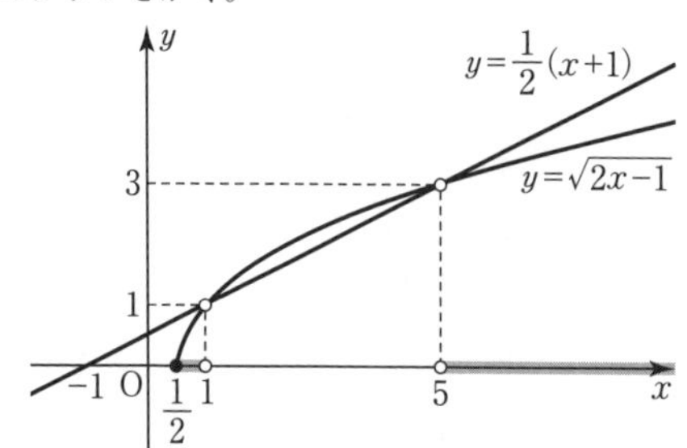

グラフの交点は

$\sqrt{2x-1}=\frac{1}{2}(x+1)$ より

両辺を2乗して

$2x-1=\frac{1}{4}(x^2+2x+1)$

$8x-4=x^2+2x+1$

$x^2-6x+5=0$

$(x-1)(x-5)=0$ よって，$x=1,\ 5$

上のグラフより $\boldsymbol{\frac{1}{2} \leqq x < 1,\ 5 < x}$

●チャレンジ問題

$y=\sqrt{x-1}$ と $y=ax+1$ のグラフが接するときの a の値を求める。

$a \neq 0$ のとき

$\sqrt{x-1}=ax+1$ より

両辺を2乗して

$x-1=a^2x^2+2ax+1$

$a^2x^2+(2a-1)x+2=0$

この2次方程式の判別式を D とすると $D=0$ だから

$D=(2a-1)^2-8a^2=-4a^2-4a+1=0$

$4a^2+4a-1=0$

$a=\frac{-2\pm2\sqrt{2}}{4}=\frac{-1\pm\sqrt{2}}{2}$

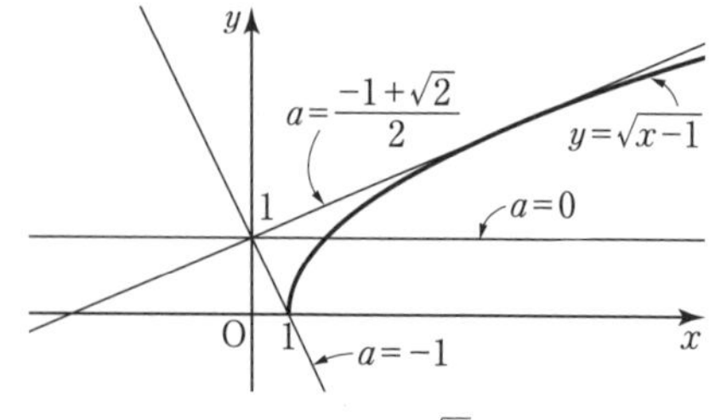

上の図より $a=\frac{-1+\sqrt{2}}{2}$

$a=0$ のとき，直線 $y=1$ を表す。

また，点 $(1,\ 0)$ を通るとき $a=-1$

よって，グラフより，共有点の個数は

$\boldsymbol{0 < a < \frac{-1+\sqrt{2}}{2}}$ **のとき2個**

$\boldsymbol{-1 \leqq a \leqq 0,\ a=\frac{-1+\sqrt{2}}{2}}$ **のとき1個**

$\boldsymbol{a < -1,\ \frac{-1+\sqrt{2}}{2} < a}$ **のとき0個**

3 逆関数

●マスター問題

(1) 関数 $y=\sqrt{x+2}$ は単調増加だから

定義域が $-1 \leqq x \leqq 1$ のとき

$x=-1$ で $y=1$

$x=1$ で $y=\sqrt{3}$

よって，**値域は** $\boldsymbol{1 \leqq y \leqq \sqrt{3}}$

逆関数は

$y=\sqrt{x+2}$ の両辺を2乗して

$y^2=x+2$

$x=y^2-2$

x と y を入れかえて

$\boldsymbol{y=x^2-2}$

定義域は $\boldsymbol{1 \leqq x \leqq \sqrt{3}}$

値域は $\boldsymbol{-1 \leqq y \leqq 1}$

(参考)

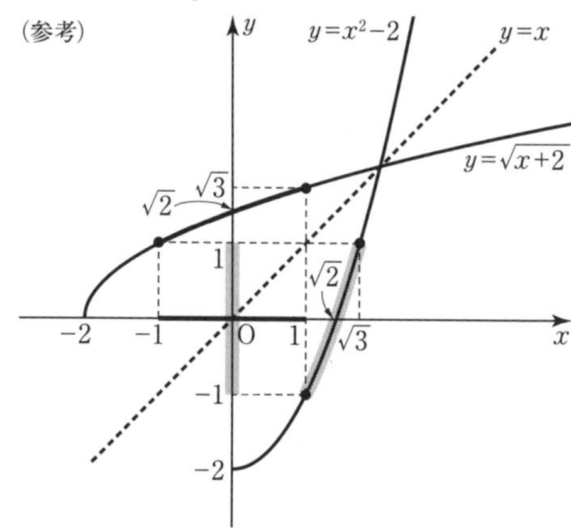

(2) $y=\frac{2x+5}{x+2}=\frac{1}{x+2}+2$ よりグラフは次のようになる。

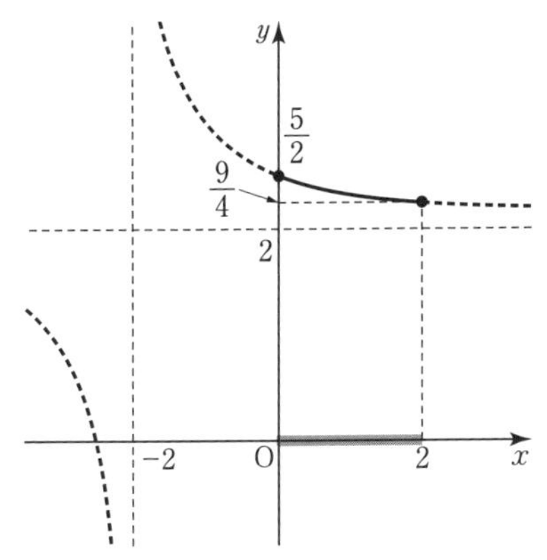

与式を x について解くと

$(x+2)y=2x+5$

$x(y-2)=-2y+5$

$x=\dfrac{-2y+5}{y-2}$

逆関数は x と y を入れかえて

$\boldsymbol{y=\dfrac{-2x+5}{x-2}}$

定義域は上のグラフより $\boldsymbol{\dfrac{9}{4}\leqq x\leqq\dfrac{5}{2}}$

●チャレンジ問題

(1) $f(x)=ax+b$ より

$f(2)=2a+b=5$ ……①

$f^{-1}(3)=1$ より $f(1)=3$ だから

$f(1)=a+b=3$ ……②

①，②を解いて

$\boldsymbol{a=2,\ b=1}$

よって，$f(x)=2x+1$

また，逆関数は $y=2x+1$ とおいて，x について解くと

$x=\dfrac{1}{2}y-\dfrac{1}{2}$

x と y を入れかえて

$y=\boldsymbol{f^{-1}(x)=\dfrac{1}{2}x-\dfrac{1}{2}}$

(2) $y=\dfrac{e^x-e^{-x}}{e^x+e^{-x}}$ とおくと

$=\dfrac{e^{2x}-1}{e^{2x}+1}$ ← 分母，分子に e^x を掛ける

$(e^{2x}+1)y=e^{2x}-1$

$e^{2x}(y-1)=-y-1$

$e^{2x}=\dfrac{1+y}{1-y}$ ← e^{2x} について解く

$e^{2x}>0$ だから $\dfrac{1+y}{1-y}=0$ より

$0<y<1$

両辺の自然対数をとると

$2x=\log\dfrac{1+y}{1-y}$

$x=\dfrac{1}{2}\log\dfrac{1+y}{1-y}$

よって，逆関数は x と y を入れかえて

$\boldsymbol{f^{-1}(x)=\dfrac{1}{2}\log\dfrac{1+x}{1-x}}$

4 合成関数

●マスター問題

$(f\circ g)(x)=\dfrac{ag(x)+b}{c-2g(x)}$

$=\dfrac{a(x-1)+b}{c-2(x-1)}$

$=\dfrac{ax-a+b}{-2x+c+2}$ ……①

$(f\circ g)^{-1}(x)=\dfrac{3x-5}{2x+5}$ だから

この逆関数 $(f\circ g)(x)$ は

$y=\dfrac{3x-5}{2x+5}$ とおいて

$(2x+5)y=3x-5$

$(2y-3)x=-5y-5$

$x=\dfrac{-5y-5}{2y-3}=\dfrac{5y+5}{-2y+3}$

x と y を入れかえて

$y=\dfrac{5x+5}{-2x+3}$

これが①と等しいから

$a=5,\ -a+b=5,\ c+2=3$

よって，$\boldsymbol{a=5,\ b=10,\ c=1}$

●チャレンジ問題

(1) $y=f(x)$ のグラフは，次の図のようになる。

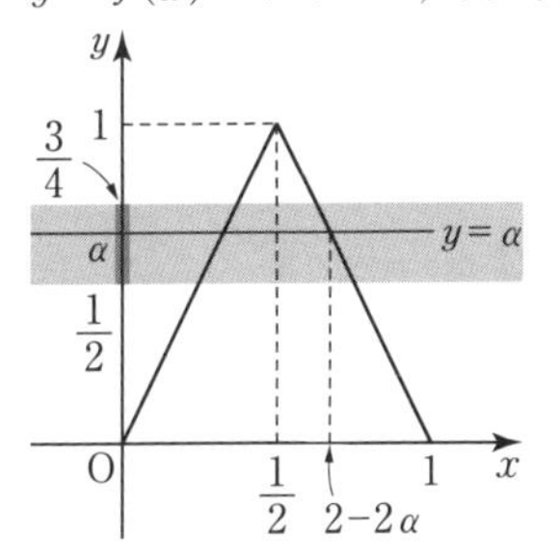

(2) $\dfrac{1}{2}<\alpha<\dfrac{3}{4}$ より

$f(\alpha)=2-2\alpha$ だから

$f(f(\alpha))=f(2-2\alpha)$

また，$\dfrac{1}{2}<\alpha<\dfrac{3}{4}$ のとき

$\dfrac{1}{2}<2-2\alpha<1$ だから

$f(2-2\alpha)$
$=2-2(2-2\alpha)$ ← $f(x)=2-2x$ $\left(\frac{1}{2}\leqq x\leqq 1\right)$ に代入する
$=4\alpha-2$

よって，$f(f(\alpha))=\alpha$ は

$4\alpha-2=\alpha$ より $\boldsymbol{\alpha=\frac{2}{3}}$

$\left(\frac{1}{2}<\alpha<\frac{3}{4}\right.$ を満たす。$\left.\right)$

5 数列とその極限(I)

●マスター問題

(1) $\lim_{n\to\infty}\frac{1}{\sqrt{n^2+2n}-\sqrt{n^2-2n}}$

$=\lim_{n\to\infty}\frac{\sqrt{n^2+2n}+\sqrt{n^2-2n}}{(\sqrt{n^2+2n}-\sqrt{n^2-2n})(\sqrt{n^2+2n}+\sqrt{n^2-2n})}$

$=\lim_{n\to\infty}\frac{\sqrt{n^2+2n}+\sqrt{n^2-2n}}{n^2+2n-(n^2-2n)}$

$=\lim_{n\to\infty}\frac{\sqrt{n^2+2n}+\sqrt{n^2-2n}}{4n}$

$=\lim_{n\to\infty}\frac{\sqrt{1+\frac{2}{n}}+\sqrt{1-\frac{2}{n}}}{4}=\frac{2}{4}=\boldsymbol{\frac{1}{2}}$

(2) $\lim_{n\to\infty}\left(\frac{1}{n^2}+\frac{4}{n^2}+\frac{7}{n^2}+\cdots+\frac{3n-2}{n^2}\right)$

$=\lim_{n\to\infty}\frac{1}{n^2}\sum_{k=1}^{n}(3k-2)$

$=\lim_{n\to\infty}\frac{1}{n^2}\left\{\frac{3}{2}n(n+1)-2n\right\}$

$=\lim_{n\to\infty}\frac{1}{n}\left(\frac{3n-1}{2}\right)$

$=\lim_{n\to\infty}\frac{3-\frac{1}{n}}{2}=\boldsymbol{\frac{3}{2}}$

●チャレンジ問題

(1) $\lim_{n\to\infty}\{\log_3(1^2+2^2+\cdots+n^2)-\log_3 n^3\}$

$=\lim_{n\to\infty}\left(\log_3\frac{1^2+2^2+\cdots+n^2}{n^3}\right)$

$=\lim_{n\to\infty}\left[\log_3\left\{\frac{1}{6}n(n+1)(2n+1)\cdot\frac{1}{n^3}\right\}\right]$

$=\lim_{n\to\infty}\left\{\log_3\left(\frac{1}{6}\cdot\frac{n}{n}\cdot\frac{n+1}{n}\cdot\frac{2n+1}{n}\right)\right\}$

$=\lim_{n\to\infty}\left[\log_3\left\{\frac{1}{6}\cdot1\cdot\left(1+\frac{1}{n}\right)\left(2+\frac{1}{n}\right)\right\}\right]$

$=\log_3\frac{1}{3}=\boldsymbol{-1}$

(2) $\frac{n}{(4n^2-1)^2}=\frac{n}{(2n-1)^2(2n+1)^2}$

$=\frac{1}{8}\left\{\frac{1}{(2n-1)^2}-\frac{1}{(2n+1)^2}\right\}$

だから

$\frac{(2n+1)^2-(2n-1)^2}{(2n-1)^2(2n+1)^2}=\frac{8n}{(2n-1)^2(2n+1)^2}$

第 n 項までの部分和を S_n とすると

$S_n=\frac{1}{8}\left\{\left(1-\frac{1}{3^2}\right)+\left(\frac{1}{3^2}-\frac{1}{5^2}\right)+\cdots\cdots\right.$

$\left.\cdots\cdots+\left(\frac{1}{(2n-1)^2}-\frac{1}{(2n+1)^2}\right)\right\}$

$=\frac{1}{8}\left\{1-\frac{1}{(2n+1)^2}\right\}$

よって，$\sum_{n=1}^{\infty}\frac{n}{(4n^2-1)^2}$

$=\lim_{n\to\infty}S_n$

$=\lim_{n\to\infty}\frac{1}{8}\left\{1-\frac{1}{(2n+1)^2}\right\}$

$=\boldsymbol{\frac{1}{8}}$

6 数列とその極限(II)

●マスター問題

(1) (i) $\sum_{n=1}^{\infty}\frac{3^{n+1}-2^{n+1}}{6^n}$

$=\sum_{n=1}^{\infty}\left(\frac{3^{n+1}}{6^n}-\frac{2^{n+1}}{6^n}\right)$

$=\sum_{n=1}^{\infty}\left\{3\cdot\left(\frac{1}{2}\right)^n-2\cdot\left(\frac{1}{3}\right)^n\right\}$

$\left(\frac{1}{2}\right)^n$，$\left(\frac{1}{3}\right)^n$ について，$\left|\frac{1}{2}\right|<1$，$\left|\frac{1}{3}\right|<1$ だから収束する。

よって，(与式) $=3\cdot\frac{\frac{1}{2}}{1-\frac{1}{2}}-2\cdot\frac{\frac{1}{3}}{1-\frac{1}{3}}$

$=3-2\cdot\frac{1}{2}=3-1=\boldsymbol{2}$

(ii) $\sum_{n=1}^{\infty}\frac{3^{2-n}-(-1)^n}{2^{3n+1}}$

$=\sum_{n=1}^{\infty}\left\{\frac{3^{2-n}}{2^{3n+1}}-\frac{(-1)^n}{2^{3n+1}}\right\}$

$=\sum_{n=1}^{\infty}\left\{\frac{9\cdot\left(\frac{1}{3}\right)^n}{2\cdot8^n}-\frac{(-1)^n}{2\cdot8^n}\right\}$

$=\sum_{n=1}^{\infty}\left\{\frac{9}{2}\left(\frac{1}{24}\right)^n-\frac{1}{2}\left(-\frac{1}{8}\right)^n\right\}$

$\left(\frac{1}{24}\right)^n$，$\left(-\frac{1}{8}\right)^n$ について　$\left|\frac{1}{24}\right|<1$，

$\left|-\dfrac{1}{8}\right|<1$ だから収束する。

よって，

$$(与式)=\frac{9}{2}\sum_{n=1}^{\infty}\left(\frac{1}{24}\right)^n-\frac{1}{2}\sum_{n=1}^{\infty}\left(-\frac{1}{8}\right)^n$$

$$=\frac{9}{2}\cdot\frac{\frac{1}{24}}{1-\frac{1}{24}}-\frac{1}{2}\cdot\frac{-\frac{1}{8}}{1-\left(-\frac{1}{8}\right)}$$

$$=\frac{9}{2}\cdot\frac{1}{23}+\frac{1}{2}\cdot\frac{1}{9}$$

$$=\frac{9}{46}+\frac{1}{18}=\frac{104}{414}=\mathbf{\frac{52}{207}}$$

(2) (i) $|r|<1$ のとき，$\lim_{n\to\infty}r^n=0$ だから

$$\lim_{n\to\infty}\frac{r^n+3}{r^{n+1}+1}=\frac{0+3}{0+1}=3$$

(ii) $|r|>1$ のとき，$\lim_{n\to\infty}\dfrac{1}{r^n}=0$ だから

$$\lim_{n\to\infty}\frac{r^n+3}{r^{n+1}+1}=\lim_{n\to\infty}\frac{1+\frac{3}{r^n}}{r+\frac{1}{r^n}}=\frac{1}{r}$$

(iii) $r=1$ のとき，$\lim_{n\to\infty}r^n=1$ だから

$$\lim_{n\to\infty}\frac{r^n+3}{r^{n+1}+1}=\frac{1+3}{1+1}=2$$

これより

$$\lim_{n\to\infty}\frac{r^n+3}{r^{n+1}+1}=\begin{cases}\mathbf{3} & \mathbf{(|r|<1)}\\ \mathbf{\frac{1}{r}} & \mathbf{(|r|>1)}\\ \mathbf{2} & \mathbf{(r=1)}\end{cases}$$

●チャレンジ問題

$$\lim_{n\to\infty}\frac{3^n}{(r-2)^{n+1}}=\lim_{n\to\infty}\frac{1}{r-2}\cdot\left(\frac{3}{r-2}\right)^n$$

(i) $\left|\dfrac{3}{r-2}\right|<1$ $\left(-1<\dfrac{3}{r-2}<1\right)$ すなわち

$|r-2|>3 \Longleftrightarrow r-2<-3,\ 3<r-2$ より

$r<-1,\ 5<r$ のとき

$\lim_{n\to\infty}\left(\dfrac{3}{r-2}\right)^n=0$ となるから（与式）$=0$

(ii) $\dfrac{3}{r-2}>1$ すなわち $2<r<5$ のとき

$\lim_{n\to\infty}\left(\dfrac{3}{r-2}\right)^n=\infty$ となるから（与式）$=\infty$

(iii) $\dfrac{3}{r-2}<-1$ すなわち $-1<r<2$ のとき

$\lim_{n\to\infty}\left(\dfrac{3}{r-2}\right)^n=\pm\infty$ となるから

（与式）$=\pm\infty$ に振動

(iv) $\dfrac{3}{r-2}=1$ すなわち $r=5$ のとき

$$(与式)=\lim_{n\to 0}\frac{1}{5-2}\cdot 1^n=\frac{1}{3}$$

(v) $\dfrac{3}{r-2}=-1$ すなわち $r=-1$ のとき

$\lim_{n\to\infty}\left(\dfrac{3}{r-2}\right)^n=\lim_{n\to\infty}(-1)^n=\pm1$ となるから

（与式）は $\pm\dfrac{1}{3}$ の値を交互にとる（振動）

これより

$$\lim_{n\to\infty}\frac{3^n}{(r-2)^{n+1}}=\begin{cases}\mathbf{0} & \mathbf{(r<-1,\ 5<r)}\\ \mathbf{\frac{1}{3}} & \mathbf{(r=5)}\\ \mathbf{\infty} & \mathbf{(2<r<5)}\\ \textbf{振動} & \mathbf{(-1\leqq r<2)}\end{cases}$$

7 漸化式と極限

●マスター問題

(1) $3a_{n+1}=a_n+2$ より

$$a_{n+1}=\frac{1}{3}a_n+\frac{2}{3} \rightarrow \boxed{\alpha=\frac{1}{3}\alpha+\frac{2}{3} \text{ より } \alpha=1}$$

$$a_{n+1}-1=\frac{1}{3}(a_n-1)$$

数列 $\{a_n-1\}$ は，初項 $a_1-1=-1$，公比 $\dfrac{1}{3}$ の等比数列だから

$$a_n-1=-1\cdot\left(\frac{1}{3}\right)^{n-1}$$

よって，$a_n=1-\left(\dfrac{1}{3}\right)^{n-1}$

$$\lim_{n\to\infty}a_n=\lim_{n\to\infty}\left\{1-\left(\frac{1}{3}\right)^{n-1}\right\}$$

$\left|\dfrac{1}{3}\right|<1$ だから $\lim_{n\to\infty}\left(\dfrac{1}{3}\right)^{n-1}=0$

ゆえに，$\lim_{n\to\infty}a_n=\mathbf{1}$

(2) $4a_{n+2}=5a_{n+1}-a_n$ より

$$4(a_{n+2}-a_{n+1})=a_{n+1}-a_n$$

$$a_{n+2}-a_{n+1}=\frac{1}{4}(a_{n+1}-a_n)$$

数列 $\{a_{n+1}-a_n\}$ は初項$a_2-a_1=3-1=2$，公比 $\dfrac{1}{4}$ の等比数列だから

$$a_{n+1}-a_n=2\cdot\left(\frac{1}{4}\right)^{n-1}$$

$n\geqq 2$ のとき

$$a_n=a_1+\sum_{k=1}^{n-1}2\cdot\left(\frac{1}{4}\right)^{k-1}$$

$$= 1 + 2 \cdot \frac{1 - \left(\frac{1}{4}\right)^{n-1}}{1 - \frac{1}{4}}$$

$$= 1 + \frac{8}{3}\left\{1 - \left(\frac{1}{4}\right)^{n-1}\right\}$$

$$= \frac{11}{3} - \frac{8}{3} \cdot \left(\frac{1}{4}\right)^{n-1}$$

$a_1 = 1$ だから $n = 1$ のときも成り立つ。

$$\lim_{n\to\infty} a_n = \lim_{n\to\infty}\left\{\frac{11}{3} - \frac{8}{3}\cdot\left(\frac{1}{4}\right)^{n-1}\right\}$$

$\left|\frac{1}{4}\right| < 1$ だから $\lim_{n\to\infty}\left(\frac{1}{4}\right)^{n-1} = 0$

よって，$\lim_{n\to\infty} a_n = \mathbf{\frac{11}{3}}$

●チャレンジ問題

(1) $b_1 = a_1 - \frac{1}{2} = 1 - \frac{1}{2} = \mathbf{\frac{1}{2}}$

$$b_{n+1} = a_{n+1} - \frac{1}{2}$$

$$= a_n{}^2 - a_n + \frac{3}{4} - \frac{1}{2}$$

$$= \left(a_n - \frac{1}{2}\right)^2 = b_n{}^2$$

よって，$\mathbf{b_{n+1} = b_n{}^2} = (b_n)^2$

(2) $b_{n+1} = (b_n)^2$ の漸化式より

$$b_n = (\underline{b_{n-1}})^2 = \{(b_{n-2})^2\}^2 = (\underline{b_{n-2}})^{2^2} = \{(b_{n-3})^2\}^{2^2}$$

（$b_{n-1} = (b_{n-2})^2$，$b_{n-2} = (b_{n-3})^2$）

$$= (b_{n-3})^{2^3} = \{(b_{n-4})^2\}^{2^3} = (b_{n-4})^{2^4} = \cdots\cdots$$

$$\cdots\cdots = \{(b_1)^2\}^{2^{n-2}} = b_1{}^{2^{n-1}} = \left(\frac{1}{2}\right)^{2^{n-1}}$$

$n = 1$ のとき，$b_1 = \left(\frac{1}{2}\right)^{2^0} = \frac{1}{2}$ となり，成り立つ。

よって，$b_n = \left(\frac{1}{2}\right)^{2^{n-1}}$ だから

$$a_n = b_n + \frac{1}{2} = \left(\frac{1}{2}\right)^{2^{n-1}} + \frac{1}{2}$$

ゆえに，$\lim_{n\to\infty} a_n = \lim_{n\to\infty}\left\{\left(\frac{1}{2}\right)^{2^{n-1}} + \frac{1}{2}\right\} = \mathbf{\frac{1}{2}}$

別解　$b_n > 0$ だから $b_{n+1} = b_n{}^2$ の両辺の 2 を底とする対数をとると

$$\log_2 b_{n+1} = 2\log_2 b_n$$

数列 $\{\log_2 b_n\}$ は初項 $\log_2 b_1 = \log_2 \frac{1}{2} = -1$，公比 2 の等比数列だから

$$\log_2 b_n = -1 \cdot 2^{n-1} = \log_2 2^{-2^{n-1}}$$

よって，$b_n = \frac{1}{2^{2^{n-1}}}$　（以下同様）

8 関数の極限

●マスター問題

(1) $\lim_{x\to-2} \frac{21x + 42}{x^2 + 7x + 10}$

$$= \lim_{x\to-2} \frac{21(x+2)}{(x+2)(x+5)}$$

$$= \frac{21}{3} = \mathbf{7}$$

(2) $\lim_{x\to2} \frac{\sqrt{x+7} - 3}{x - 2}$

$$= \lim_{x\to2} \frac{(\sqrt{x+7} - 3)(\sqrt{x+7} + 3)}{(x-2)(\sqrt{x+7} + 3)}$$

$$= \lim_{x\to2} \frac{x + 7 - 9}{(x-2)(\sqrt{x+7} + 3)}$$

$$= \lim_{x\to2} \frac{x-2}{(x-2)(\sqrt{x+7} + 3)}$$

$$= \frac{1}{\sqrt{9} + 3} = \mathbf{\frac{1}{6}}$$

(3) $\lim_{x\to1} \frac{\sqrt[3]{x} - 1}{x - 1}$

$$= \lim_{x\to1} \frac{\sqrt[3]{x} - 1}{(\sqrt[3]{x})^3 - 1}$$

$$= \lim_{x\to1} \frac{\sqrt[3]{x} - 1}{(\sqrt[3]{x} - 1)((\sqrt[3]{x})^2 + \sqrt[3]{x} + 1)}$$

$$= \frac{1}{1 + 1 + 1} = \mathbf{\frac{1}{3}}$$

(4) $\lim_{x\to0} \frac{16^x - 1}{4^x - 1}$

$$= \lim_{x\to0} \frac{(4^x)^2 - 1}{4^x - 1} = \lim_{x\to0} \frac{(4^x + 1)(4^x - 1)}{4^x - 1}$$

$$= 4^0 + 1 = \mathbf{2}$$

●チャレンジ問題

(1) $x = -t$ とおくと $x\to-\infty$ で $t\to\infty$

$$\lim_{x\to-\infty} \frac{\sqrt{x^2 + x + 1}}{x}$$

$$= \lim_{t\to\infty} \frac{\sqrt{(-t)^2 + (-t) + 1}}{-t}$$

$$= \lim_{t\to\infty} \frac{\sqrt{t^2 - t + 1}}{-t}$$

$$= \lim_{t\to\infty} \frac{\sqrt{1 - \frac{1}{t} + \frac{1}{t^2}}}{-1} = \mathbf{-1}$$

(2) $\lim_{x\to0}\left(\sqrt{\frac{1}{x^2} + \frac{2}{x}} - \sqrt{\frac{1}{x^2} - \frac{2}{x}}\right)$

$$= \lim_{x\to0} \frac{\left(\sqrt{\frac{1}{x^2} + \frac{2}{x}} - \sqrt{\frac{1}{x^2} - \frac{2}{x}}\right)\left(\sqrt{\frac{1}{x^2} + \frac{2}{x}} + \sqrt{\frac{1}{x^2} - \frac{2}{x}}\right)}{\sqrt{\frac{1}{x^2} + \frac{2}{x}} + \sqrt{\frac{1}{x^2} - \frac{2}{x}}}$$

$$=\lim_{x\to 0}\frac{\frac{1}{x^2}+\frac{2}{x}-\left(\frac{1}{x^2}-\frac{2}{x}\right)}{\sqrt{\frac{1}{x^2}+\frac{2}{x}}+\sqrt{\frac{1}{x^2}-\frac{2}{x}}}$$

$$=\lim_{x\to 0}\frac{\frac{4}{x}}{\sqrt{\frac{1}{x^2}+\frac{2}{x}}+\sqrt{\frac{1}{x^2}-\frac{2}{x}}}$$

$$=\lim_{x\to 0}\frac{4}{\sqrt{1+2x}+\sqrt{1-2x}}$$

$$=\frac{4}{1+1}=\mathbf{2}$$

9　関数の極限と係数決定

●マスター問題

(1)　$x\to 1$ のとき (分母)$\to 0$　だから

$x\to 1$ のとき (分子)$\to 0$　である。

$$\lim_{x\to 1}(x^2+ax+b)=1+a+b=0$$

よって，$b=-a-1$ ……①

このとき

$$\lim_{x\to 1}\frac{x^2+ax-a-1}{x^2+x-2}$$

$$=\lim_{x\to 1}\frac{(x+a+1)(x-1)}{(x+2)(x-1)}$$

$$=\frac{1+a+1}{1+2}=\frac{a+2}{3}$$

$\dfrac{a+2}{3}=2$　より　$a=4$

①に代入して　$b=-5$

ゆえに，$\boldsymbol{a=4,\ b=-5}$

(2)　$x\to -1$ のとき (分母)$\to 0$　だから

$x\to -1$ のとき (分子)$\to 0$　である。

$$\lim_{x\to -1}(a\sqrt{x+5}-b)=2a-b=0$$

よって，$b=2a$ ……①　このとき

$$\lim_{x\to -1}\frac{a\sqrt{x+5}-2a}{x+1}$$

$$=\lim_{x\to -1}\frac{a(\sqrt{x+5}-2)(\sqrt{x+5}+2)}{(x+1)(\sqrt{x+5}+2)}$$

$$=\lim_{x\to -1}\frac{a(x+5-4)}{(x+1)(\sqrt{x+5}+2)}$$

$$=\lim_{x\to -1}\frac{a(x+1)}{(x+1)(\sqrt{x+5}+2)}$$

$$=\frac{a}{\sqrt{4}+2}=\frac{a}{4}$$

$\dfrac{a}{4}=1$　より　$a=4$

①に代入して　$b=8$

ゆえに，$\boldsymbol{a=4,\ b=8}$

●チャレンジ問題

(i)　$a\leqq 0$ のとき

$$\lim_{x\to\infty}\{\sqrt{x^2-1}-(ax+b)\}$$

$$=\lim_{x\to\infty}x\left\{\sqrt{1-\frac{1}{x^2}}-\left(a+\frac{b}{x}\right)\right\}=\infty$$

となり不適。

(ii)　$a>0$ のとき

$$\lim_{x\to\infty}\{\sqrt{x^2-1}-(ax+b)\}$$

$$=\lim_{x\to\infty}\frac{\{\sqrt{x^2-1}-(ax+b)\}\{\sqrt{x^2-1}+(ax+b)\}}{\sqrt{x^2-1}+(ax+b)}$$

$$=\lim_{x\to\infty}\frac{x^2-1-(ax+b)^2}{\sqrt{x^2-1}+ax+b}$$

$$=\lim_{x\to\infty}\frac{x^2-1-(a^2x^2+2abx+b^2)}{\sqrt{x^2-1}+ax+b}$$

$$=\lim_{x\to\infty}\frac{(1-a^2)x^2-2abx-b^2-1}{\sqrt{x^2-1}+ax+b}$$

$$=\lim_{x\to\infty}\frac{(1-a^2)x-2ab-\frac{b^2+1}{x}}{\sqrt{1-\frac{1}{x^2}}+a+\frac{b}{x}}$$

極限値をもつためには

$1-a^2=0$，$a>0$　より　$a=1$

このとき

$$(\text{与式})=\frac{-2ab}{1+a}=\frac{-2b}{1+1}=-b$$

$-b=2$　より　$b=-2$

よって，$\boldsymbol{a=1,\ b=-2}$

10　三角関数の極限

●マスター問題

(1)　(i)　$$\lim_{x\to 0}\frac{\sin^3x}{x(1-\cos x)}$$

$$=\lim_{x\to 0}\frac{\sin^3x(1+\cos x)}{x(1-\cos x)(1+\cos x)}$$

$$=\lim_{x\to 0}\frac{\sin^3x(1+\cos x)}{x(1-\cos^2x)}$$

$$=\lim_{x\to 0}\frac{\sin^3x(1+\cos x)}{x\sin^2x}$$

$$=\lim_{x\to 0}\frac{\sin x}{x}\cdot(1+\cos x)$$

$$=1\cdot(1+1)=\mathbf{2}$$

(ii)　$$\lim_{x\to 0}\frac{1-\cos 2x}{x\tan x}$$

$$=\lim_{x\to 0}\frac{1-(1-2\sin^2x)}{x\cdot\frac{\sin x}{\cos x}}$$

$$=\lim_{x\to 0}\frac{2\sin^2x\cos x}{x\sin x}$$

$= \lim_{x\to 0} 2\cdot\frac{\sin x}{x}\cdot\cos x$

$= 2\cdot 1\cdot 1 = \mathbf{2}$

(2) $x\to\frac{\pi}{6}$ のとき (分子)$\to 0$ だから

$x\to\frac{\pi}{6}$ のとき (分母)$\to 0$ である。

$\lim_{x\to\frac{\pi}{6}}(ax-b) = \frac{\pi}{6}a - b = 0$

よって，$b = \frac{\pi}{6}a$ ……① このとき

$$\lim_{x\to\frac{\pi}{6}}\frac{\sin\left(2x-\frac{\pi}{3}\right)}{ax-\frac{\pi}{6}a} = \lim_{x\to\frac{\pi}{6}}\frac{\sin 2\left(x-\frac{\pi}{6}\right)}{a\left(x-\frac{\pi}{6}\right)}$$

$x-\frac{\pi}{6} = t$ とおくと，$x\to\frac{\pi}{6}$ で $t\to 0$ だから

$$(\text{与式}) = \lim_{t\to 0}\frac{\sin 2t}{at} = \lim_{t\to 0}\frac{2}{a}\cdot\frac{\sin 2t}{2t}$$

$$= \frac{2}{a}\cdot 1 = \frac{2}{a}$$

$\frac{2}{a} = 1$ より $a = 2$ ①に代入して $b = \frac{\pi}{3}$

ゆえに，$\boldsymbol{a = 2,\ b = \frac{\pi}{3}}$

●チャレンジ問題

(1) $\lim_{x\to 0}\frac{2\tan x}{\sqrt{3x+1}-1}$

$$= \lim_{x\to 0}\frac{2\tan x\cdot(\sqrt{3x+1}+1)}{(\sqrt{3x+1}-1)(\sqrt{3x+1}+1)}$$

$$= \lim_{x\to 0}\frac{2\sin x(\sqrt{3x+1}+1)}{\cos x(3x+1-1)}$$

$$= \lim_{x\to 0}\frac{2}{3\cos x}\cdot\frac{\sin x}{x}\cdot(\sqrt{3x+1}+1)$$

$$= \frac{2}{3\cdot 1}\cdot 1\cdot(1+1) = \mathbf{\frac{4}{3}}$$

(2) $\lim_{x\to 0}\frac{\sin\left(\sin\frac{x}{\pi}\right)}{x}$

分母・分子に $\sin\frac{x}{\pi}$ を掛ける

$$= \lim_{x\to 0}\frac{\sin\frac{x}{\pi}\sin\left(\sin\frac{x}{\pi}\right)}{x\sin\frac{x}{\pi}}$$

$$= \lim_{x\to 0}\frac{1}{\pi}\cdot\frac{\sin\frac{x}{\pi}}{\frac{x}{\pi}}\cdot\frac{\sin\left(\sin\frac{x}{\pi}\right)}{\sin\frac{x}{\pi}}$$

$$= \frac{1}{\pi}\cdot 1\cdot 1 = \boldsymbol{\frac{1}{\pi}}$$

11 e に関する極限値

●マスター問題

(1) $\frac{3}{x} = t$ とおくと $x\to\infty$ で，$t\to 0$ だから

$$\lim_{x\to\infty}\left(1+\frac{3}{x}\right)^x = \lim_{t\to 0}(1+t)^{\frac{3}{t}}$$

$$= \lim_{t\to 0}\{(1+t)^{\frac{1}{t}}\}^3$$

$$= \boldsymbol{e^3}$$

(2) $-3x = t$ とおくと $x\to 0$ で $t\to 0$ だから

$\frac{1}{2x} = -\frac{3}{2t}$

$$\lim_{x\to 0}(1-3x)^{\frac{1}{2x}} = \lim_{t\to 0}(1+t)^{-\frac{3}{2t}}$$

$-3x = t$

$$= \lim_{t\to 0}\{(1+t)^{\frac{1}{t}}\}^{-\frac{3}{2}} = e^{-\frac{3}{2}} = \frac{1}{e^{\frac{3}{2}}} = \boldsymbol{\frac{1}{e\sqrt{e}}}$$

(3) $x-1 = t$ とおくと $x\to 1$ で $t\to 0$ だから

$$\lim_{x\to 1}\frac{\log x}{(x-1)e^x} = \lim_{t\to 0}\frac{\log(t+1)}{te^{t+1}}$$

$$= \lim_{t\to 0}\frac{\log(1+t)^{\frac{1}{t}}}{e^{t+1}}$$

$$= \frac{\log e}{e} = \boldsymbol{\frac{1}{e}}$$

(4) $x-2 = t$ とおくと $x\to 2$ のとき $t\to 0$ だから

$$\lim_{x\to 2}\frac{1}{x-2}\log\frac{x}{2}$$

$$= \lim_{t\to 0}\frac{1}{t}\log\frac{t+2}{2}$$

$$= \lim_{t\to 0}\log\left(1+\frac{t}{2}\right)^{\frac{1}{t}}$$

$\frac{t}{2} = h$ とおくと $t\to 0$ で $h\to 0$ だから

$$\lim_{t\to 0}\log\left(1+\frac{t}{2}\right)^{\frac{1}{t}}$$

$$= \lim_{h\to 0}\log(1+h)^{\frac{1}{2h}}$$

$$= \lim_{h\to 0}\log\{(1+h)^{\frac{1}{h}}\}^{\frac{1}{2}}$$

$$= \log e^{\frac{1}{2}} = \boldsymbol{\frac{1}{2}}$$

別解 $\lim_{x\to 2}\frac{1}{x-2}\log\frac{x}{2}$

$$= \lim_{x\to 2}\frac{\log x - \log 2}{x-2}$$

これは $f(x) = \log x$ とすると

$$\lim_{x\to 2}\frac{\log x - \log 2}{x-2} = f'(2)$$

ここで，$f'(x)=\dfrac{1}{x}$ より $f'(2)=\dfrac{1}{2}$

よって，$\displaystyle\lim_{x\to2}\frac{\log x-\log 2}{x-2}=f'(2)=\boldsymbol{\frac{1}{2}}$

●チャレンジ問題

(1) $\displaystyle\lim_{x\to0}\frac{1-\cos 2x}{x\log(1+x)}$

$\displaystyle=\lim_{x\to0}\frac{1-(1-2\sin^2 x)}{x\log(1+x)}$

$\displaystyle=\lim_{x\to0}\frac{2\sin^2 x}{x\log(1+x)}$

$\displaystyle=\lim_{x\to0}\frac{2\sin^2 x}{x^2\cdot\frac{1}{x}\log(1+x)}$

$\displaystyle=\lim_{x\to0}2\cdot\left(\frac{\sin x}{x}\right)^2\cdot\frac{1}{\log(1+x)^{\frac{1}{x}}}$

$\displaystyle=2\cdot1\cdot\frac{1}{\log e}=\mathbf{2}$

(2) $\displaystyle\lim_{n\to\infty}(n+1)^2\log\left(1+\frac{1}{n(n+2)}\right)$

$\displaystyle=\lim_{n\to\infty}\log\left(1+\frac{1}{n(n+2)}\right)^{n^2+2n+1}$

$n(n+2)=h$ とおくと $n\to\infty$ で $h\to\infty$

$\displaystyle\lim_{n\to\infty}\log\left(1+\frac{1}{n(n+2)}\right)^{n(n+2)+1}$

$\displaystyle=\lim_{h\to\infty}\log\left(1+\frac{1}{h}\right)^{h+1}$

$\displaystyle=\lim_{h\to\infty}\log\left\{\left(1+\frac{1}{h}\right)^{h}\left(1+\frac{1}{h}\right)\right\}$

$=\log e=\mathbf{1}$

12 微分法(I)

●マスター問題

(1) $y=(x^2-3x)(2x^3+x+2)$

$y'=(2x-3)(2x^3+x+2)+(x^2-3x)(6x^2+1)$

$=(4x^4-6x^3+2x^2+x-6)+(6x^4-18x^3+x^2-3x)$

$=\boldsymbol{10x^4-24x^3+3x^2-2x-6}$

(2) $y=(x+1)\sqrt{2x+3}$

$y'=1\cdot\sqrt{2x+3}+(x+1)\cdot\dfrac{1}{2}(2x+3)^{-\frac{1}{2}}\cdot2$

$=\dfrac{2x+3+x+1}{\sqrt{2x+3}}$

$=\boldsymbol{\dfrac{3x+4}{\sqrt{2x+3}}}$

(3) $y=\dfrac{x}{1+x+x^2}$

$y'=\dfrac{1\cdot(1+x+x^2)-x(1+2x)}{(1+x+x^2)^2}$

$=\boldsymbol{\dfrac{1-x^2}{(1+x+x^2)^2}}$

(4) $y=\sqrt{x^2+1}$

$=(x^2+1)^{\frac{1}{2}}$

$y'=\dfrac{1}{2}(x^2+1)^{-\frac{1}{2}}\cdot2x$

$=\boldsymbol{\dfrac{x}{\sqrt{x^2+1}}}$

(5) $y=\left(\dfrac{x}{x^2+1}\right)^3$

$y'=3\left(\dfrac{x}{x^2+1}\right)^2\cdot\left(\dfrac{x}{x^2+1}\right)'$

$=3\left(\dfrac{x}{x^2+1}\right)^2\cdot\dfrac{x^2+1-x\cdot2x}{(x^2+1)^2}$

$=\boldsymbol{\dfrac{3x^2(1-x^2)}{(x^2+1)^4}}\left(=-\boldsymbol{\dfrac{3x^2(x^2-1)}{(x^2+1)^4}}\right)$

(6) $y=\dfrac{x}{\sqrt{x^2+1}}$

$y'=\dfrac{1\cdot\sqrt{x^2+1}-x\cdot\frac{1}{2}(x^2+1)^{-\frac{1}{2}}\cdot2x}{x^2+1}$

$=\dfrac{(x^2+1)-x^2}{(x^2+1)\sqrt{x^2+1}}$

$=\boldsymbol{\dfrac{1}{(x^2+1)\sqrt{x^2+1}}}$

●チャレンジ問題

$y=\sqrt{x+\sqrt{1+x^2}}$

$=(x+\sqrt{1+x^2})^{\frac{1}{2}}$

$y'=\dfrac{1}{2}(x+\sqrt{1+x^2})^{-\frac{1}{2}}(x+\sqrt{1+x^2})'$

$=\dfrac{1+\frac{1}{2}(1+x^2)^{-\frac{1}{2}}\cdot2x}{2\sqrt{x+\sqrt{1+x^2}}}$ ← 分母，分子に $\sqrt{1+x^2}$ を掛ける

$=\dfrac{\sqrt{1+x^2}+x}{2\sqrt{x+\sqrt{1+x^2}}\sqrt{1+x^2}}$ ← $\sqrt{x+\sqrt{1+x^2}}$ で約分

$=\boldsymbol{\dfrac{\sqrt{x+\sqrt{1+x^2}}}{2\sqrt{1+x^2}}}$

13 微分法(II)

●マスター問題

(1) $y=(1+\cos x)\sin x$

$y'=-\sin x\cdot\sin x+(1+\cos x)\cos x$

$=-\sin^2 x+\cos x+\cos^2 x$

$=\boldsymbol{2\cos^2 x+\cos x-1}$

(2) $y=e^{1+\sin x}$

$$y' = (1+\sin x)'e^{1+\sin x}$$
$$= \boldsymbol{\cos x\, e^{1+\sin x}}$$

(3) $y = x(\log x)^2$

$$y' = 1\cdot(\log x)^2 + x\cdot 2(\log x)\cdot\frac{1}{x}$$
$$= \boldsymbol{(\log x)^2 + 2\log x}$$

(4) $y = \log(x+\sqrt{x^2+1})$

$$y' = \frac{(x+\sqrt{x^2+1})'}{x+\sqrt{x^2+1}}$$

$$= \frac{1+\frac{1}{2}(x^2+1)^{-\frac{1}{2}}\cdot 2x}{x+\sqrt{x^2+1}}$$

分母，分子に $\sqrt{x^2+1}$ を掛ける

$$= \frac{\left(1+\frac{x}{\sqrt{x^2+1}}\right)\sqrt{x^2+1}}{(x+\sqrt{x^2+1})\sqrt{x^2+1}}$$

$$= \frac{x+\sqrt{x^2+1}}{(x+\sqrt{x^2+1})\sqrt{x^2+1}}$$

$$= \boldsymbol{\frac{1}{\sqrt{x^2+1}}}$$

(5) $y = x^2\sin(3x+5)$

$$y' = 2x\sin(3x+5) + x^2\cos(3x+5)\cdot(3x+5)'$$
$$= 2x\sin(3x+5) + 3x^2\cos(3x+5)$$
$$= \boldsymbol{x\{2\sin(3x+5)+3x\cos(3x+5)\}}$$

(6) $y = \dfrac{e^x - e^{-x}}{e^x + e^{-x}}$

$$y' = \frac{(e^x+e^{-x})^2 - (e^x-e^{-x})^2}{(e^x+e^{-x})^2}$$

$$= \frac{e^{2x}+2+e^{-2x}-(e^{2x}-2+e^{-2x})}{(e^x+e^{-x})^2}$$

$$= \boldsymbol{\frac{4}{(e^x+e^{-x})^2}}$$

●チャレンジ問題

(1) $y = \dfrac{\tan x}{x^2}$

$$y' = \frac{\frac{1}{\cos^2 x}\cdot x^2 - (\tan x)\cdot 2x}{x^4}$$

分母，分子に $\cos^2 x$ を掛ける

$$= \frac{x^2 - 2x\sin x\cos x}{x^4\cos^2 x}$$

$$= \boldsymbol{\frac{x-2\sin x\cos x}{x^3\cos^2 x}}\ \left(= \boldsymbol{\frac{x-\sin 2x}{x^3\cos^2 x}}\right)$$

(2) $y = \log\sqrt{\dfrac{1-\cos x}{1+\cos x}}$

$$= \log\left(\frac{1-\cos x}{1+\cos x}\right)^{\frac{1}{2}} = \frac{1}{2}\log\frac{1-\cos x}{1+\cos x}$$

$$= \frac{1}{2}\{\log(1-\cos x) - \log(1+\cos x)\}$$

$$y' = \frac{1}{2}\left\{\frac{(1-\cos x)'}{1-\cos x} - \frac{(1+\cos x)'}{1+\cos x}\right\}$$

$$= \frac{1}{2}\left(\frac{\sin x}{1-\cos x} - \frac{-\sin x}{1+\cos x}\right)$$

$$= \frac{1}{2}\cdot\frac{\sin x(1+\cos x+1-\cos x)}{(1-\cos x)(1+\cos x)}$$

$$= \frac{1}{2}\cdot\frac{2\sin x}{1-\cos^2 x}$$

$$= \frac{1}{2}\cdot\frac{2\sin x}{\sin^2 x} = \boldsymbol{\frac{1}{\sin x}}$$

14 いろいろな微分法

●マスター問題

(1) $y = \left(\dfrac{2}{x}\right)^x$ の両辺の対数をとると

$$\log y = \log\left(\frac{2}{x}\right)^x = x(\log 2 - \log x)$$

両辺を x で微分すると

$$\frac{y'}{y} = 1\cdot(\log 2 - \log x) + x\left(-\frac{1}{x}\right)$$

$$= \log 2 - 1 - \log x = \log\frac{2}{ex}$$

よって，$y' = y\log\dfrac{2}{ex}$

ゆえに，$\boldsymbol{y' = \left(\dfrac{2}{x}\right)^x\log\dfrac{2}{ex}}$

(2) $x^3+y^3=1$

の両辺を x で微分すると

$$3x^2 + 3y^2\frac{dy}{dx} = 0$$

よって，$\dfrac{dy}{dx} = -\dfrac{3x^2}{3y^2} = \boldsymbol{-\dfrac{x^2}{y^2}}$

(3) $x = e^\theta(\sin\theta + \cos\theta)$ より

$$\frac{dx}{d\theta} = e^\theta(\sin\theta+\cos\theta) + e^\theta(\cos\theta - \sin\theta)$$
$$= 2e^\theta\cos\theta$$

$y = e^\theta(\sin\theta - \cos\theta)$ より

$$\frac{dy}{d\theta} = e^\theta(\sin\theta-\cos\theta) + e^\theta(\cos\theta+\sin\theta)$$
$$= 2e^\theta\sin\theta$$

よって，$\boldsymbol{\dfrac{dy}{dx}} = \dfrac{2e^\theta\sin\theta}{2e^\theta\cos\theta} = \boldsymbol{\tan\theta}$

●チャレンジ問題

$y = xe^{ax}$ より

$$y' = e^{ax} + xae^{ax} = (1+ax)e^{ax}$$

$$y'' = ae^{ax} + (1+ax)ae^{ax}$$
$$= (2+ax)ae^{ax}$$

$y''+4y'+4y=0$ に代入して

$$(2+ax)ae^{ax} + 4(1+ax)e^{ax} + 4xe^{ax} = 0$$

$e^{ax} > 0$ だから

$(2+ax)a+4(1+ax)+4x=0$
$2a+4+(a^2+4a+4)x=0$
$2(a+2)+(a+2)^2x=0$
$(a+2)\{2+(a+2)x\}=0$

よって，任意の x でこれを満たすのは

$\boldsymbol{a=-2}$

15 接線の方程式

●マスター問題

(1) $f(x)=2x\sin x$ より

$f'(x)=2\sin x+2x\cos x$

傾きは

$$f'\left(\frac{\pi}{4}\right)=2\sin\frac{\pi}{4}+2\cdot\frac{\pi}{4}\cos\frac{\pi}{4}$$
$$=\sqrt{2}+\frac{\sqrt{2}}{4}\pi$$
$$f\left(\frac{\pi}{4}\right)=2\cdot\frac{\pi}{4}\sin\frac{\pi}{4}=\frac{\sqrt{2}}{4}\pi \text{ より}$$

接点は $\left(\frac{\pi}{4},\ \frac{\sqrt{2}}{4}\pi\right)$

接線の方程式は

$$y-\frac{\sqrt{2}}{4}\pi=\left(\sqrt{2}+\frac{\sqrt{2}}{4}\pi\right)\left(x-\frac{\pi}{4}\right)$$

よって，$\boldsymbol{y=\left(\sqrt{2}+\frac{\sqrt{2}}{4}\pi\right)x-\frac{\sqrt{2}}{16}\pi^2}$

(2) $y=e^{-2x}$ より $y'=-2e^{-2x}$

$x=a$ のとき $y'=-2e^{-2a}$

接線の方程式は

$y-e^{-2a}=-2e^{-2a}(x-a)$
$y=-2e^{-2a}x+(2a+1)e^{-2a}$

x 軸との交点の x 座標 b は $y=0$ とおいて

$2e^{-2a}x=(2a+1)e^{-2a}$

よって，$b=x=\dfrac{2a+1}{2}=a+\dfrac{1}{2}$

ゆえに，$b-a=a+\dfrac{1}{2}-a=\boldsymbol{\dfrac{1}{2}}$

●チャレンジ問題

$y=\dfrac{\log x}{x}$ より

$$y'=\frac{\frac{1}{x}\cdot x-\log x}{x^2}=\frac{1-\log x}{x^2}$$

接点の座標を $\left(t,\ \dfrac{\log t}{t}\right)$ とおくと

$x=t$ のとき $y'=\dfrac{1-\log t}{t^2}$

接線の方程式は

$$y-\frac{\log t}{t}=\frac{1-\log t}{t^2}(x-t)$$
$$y=\frac{1-\log t}{t^2}x+\frac{-1+2\log t}{t}\ \cdots\cdots①$$

原点 (0, 0) を通るから

$$\frac{-1+2\log t}{t}=0$$

$t>0$ だから $-1+2\log t=0$

$$\log t=\frac{1}{2}=\log e^{\frac{1}{2}}=\log\sqrt{e}$$

よって，$t=\sqrt{e}$ ①に代入して

$$y=\frac{1-\frac{1}{2}}{e}x \text{ より } \boldsymbol{y=\frac{1}{2e}x}$$

16 共通接線

●マスター問題

$y=ax^3$ より $y'=3ax^2$

$y=\log x$ より $y'=\dfrac{1}{x}$

接点の x 座標を $x=t$ とすると接線の傾きは等しいから

$3at^2=\dfrac{1}{t}\ \cdots\cdots①$

接点の y 座標は等しいから

$at^3=\log t\ \cdots\cdots②$

①より $at^3=\dfrac{1}{3}$ として②に代入

$\dfrac{1}{3}=\log t,\ t=e^{\frac{1}{3}}=\sqrt[3]{e}$

よって，接点は $\left(\boldsymbol{\sqrt[3]{e},\ \frac{1}{3}}\right)$

このとき，①に代入して

$a(\sqrt[3]{e})^3=\dfrac{1}{3}$ より $\boldsymbol{a=\dfrac{1}{3e}}$

接線の傾きは $x=\sqrt[3]{e}$ のとき $y'=\dfrac{1}{\sqrt[3]{e}}$ だから

接線の方程式は

$$y-\frac{1}{3}=\frac{1}{\sqrt[3]{e}}(x-\sqrt[3]{e})$$

よって，$\boldsymbol{y=\dfrac{1}{\sqrt[3]{e}}x-\dfrac{2}{3}}$

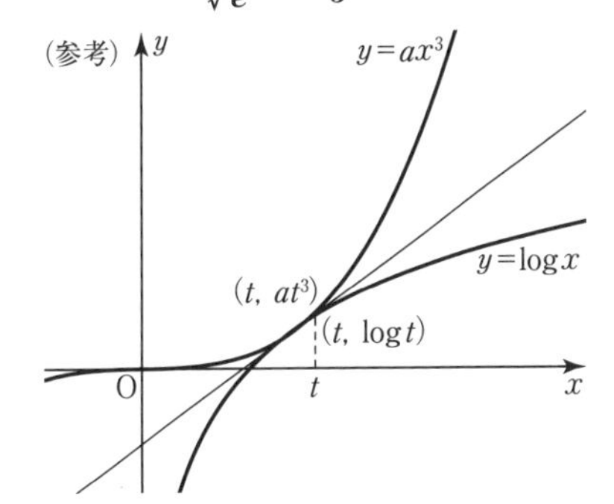

●チャレンジ問題

C_1 との接点を $(t,\ t^2)$ とすると

$y=x^2$ より $y'=2x$

l の方程式は

$y-t^2=2t(x-t)$

$y=2tx-t^2$ ……①

C_2 との接点を $\left(s,\ -\dfrac{1}{s}\right)$ とすると

$y=-\dfrac{1}{x}$ より $y'=\dfrac{1}{x^2}$

l の方程式は

$y-\left(-\dfrac{1}{s}\right)=\dfrac{1}{s^2}(x-s)$

$y=\dfrac{1}{s^2}x-\dfrac{2}{s}$ ……②

①と②は等しいから

$2t=\dfrac{1}{s^2}$ ……③，$t^2=\dfrac{2}{s}$ ……④

④より $s=\dfrac{2}{t^2}$ として③に代入

$2t=\dfrac{t^4}{4}$，$t^3=8$

$(t-2)(t^2+2t+4)=0$

t は実数だから $t=2$

よって，①に代入して l の方程式は

$\boldsymbol{y=4x-4}$

（参考）

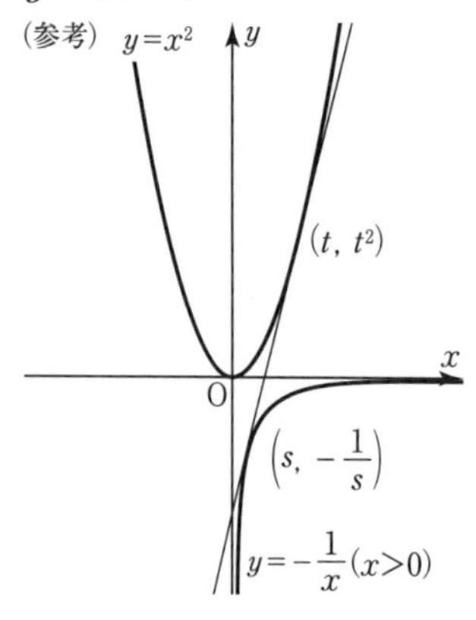

17 関数のグラフ(I)

●マスター問題

$f(x)=\dfrac{2x+a}{x^2+2}$ より

$f'(x)=\dfrac{2(x^2+2)-(2x+a)\cdot 2x}{(x^2+2)^2}$

$=\dfrac{-2x^2-2ax+4}{(x^2+2)^2}$

$x=1$ で極値をとるから

$f'(1)=\dfrac{-2-2a+4}{9}=0$ より $a=1$

このとき，

$f'(x)=\dfrac{-2x^2-2x+4}{(x^2+2)^2}=\dfrac{-2(x+2)(x-1)}{(x^2+2)^2}$

となり，$x=1$ の前後で $f'(x)$ の符号が変わるから極値をもつ。

よって $\boldsymbol{a=1}$

このとき，

$f(x)=\dfrac{2x+1}{x^2+2}$，$f'(x)=\dfrac{-2(x+2)(x-1)}{(x^2+2)^2}$

$f'(x)=0$ とすると $x=-2,\ 1$

よって，増減表は次のようになる。

x	…	-2	…	1	…
$f'(x)$	$-$	0	$+$	0	$-$
$f(x)$	↘	$-\dfrac{1}{2}$	↗	1	↘

$f(-2)=\dfrac{-4+1}{4+2}=-\dfrac{1}{2}$，$f(1)=\dfrac{2+1}{1+2}=1$

$\displaystyle\lim_{x\to\infty}\frac{2x+1}{x^2+2}=0$

$\displaystyle\lim_{x\to-\infty}\frac{2x+1}{x^2+2}=0$

$\dfrac{2x+1}{x^2+2}=\dfrac{\dfrac{2}{x}+\dfrac{1}{x^2}}{1+\dfrac{2}{x^2}}$

グラフは下図のようになる。

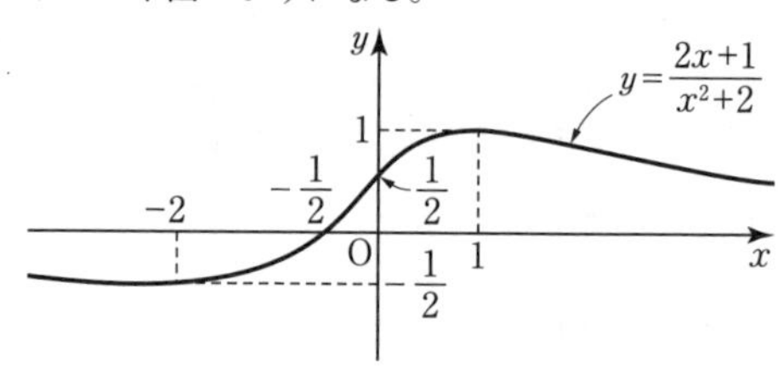

●チャレンジ問題

$f(x)=x+\sin x\ (0\leqq x\leqq 2\pi)$ より

$f'(x)=1+\cos x$

$f'(x)=0$ とすると $\cos x=-1$

$0\leqq x\leqq 2\pi$ だから $x=\pi$

よって，増減表は次のようになる。

x	0	…	π	…	2π
$f'(x)$		$+$	0	$+$	
$f(x)$	0	↗	π	↗	2π

$f(0)=0+\sin 0=0$，$f(\pi)=\pi+\sin\pi=\pi$

$f(2\pi)=2\pi+\sin 2\pi=2\pi$

グラフは下図のようになる。

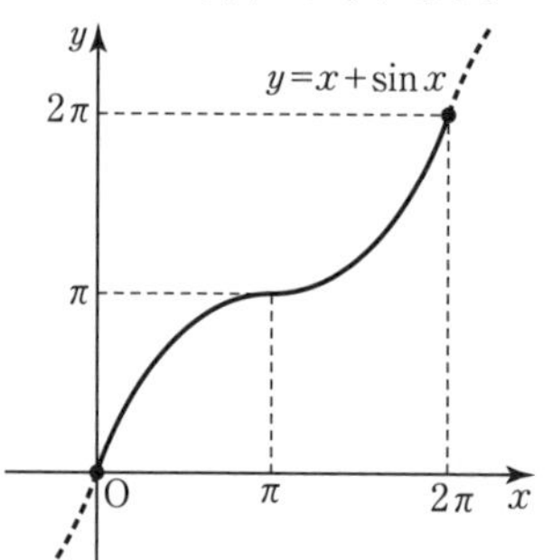

18 関数のグラフ(II)

●マスター問題

$f(x) = xe^x\ (-3 \leqq x \leqq 0)$ より

$$f'(x) = e^x + xe^x = (1+x)e^x$$

$$f''(x) = e^x + (1+x)e^x = (2+x)e^x$$

$f'(x) = 0$ とすると $x = -1$

$f''(x) = 0$ とすると $x = -2$

よって，$-3 \leqq x \leqq 0$ における増減表は次のようになる。

x	-3	$\cdots$	-2	$\cdots$	-1	$\cdots$	0
$f'(x)$		$-$	$-$	$-$	0	$+$	
$f''(x)$		$-$	0	$+$	$+$	$+$	
$f(x)$	$-\frac{3}{e^3}$	↘	$-\frac{2}{e^2}$	↘	$-\frac{1}{e}$	↗	0
			(変曲点)		(極小値)		

$$f(-3) = -\frac{3}{e^3},\ f(-2) = -\frac{2}{e^2}$$

$$f(-1) = -\frac{1}{e},\ f(0) = 0$$

グラフは下図のようになる。

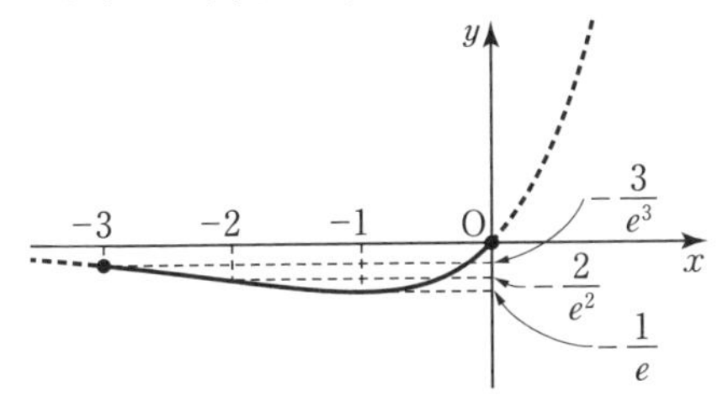

（参考）$\displaystyle\lim_{x\to-\infty} xe^x = \lim_{t\to\infty}\left(-\frac{t}{e^t}\right) = 0$

より x 軸が漸近線

●チャレンジ問題

$f(x) = \dfrac{4x}{x^2+1}$ より

$$f'(x) = \frac{4(x^2+1) - 4x\cdot 2x}{(x^2+1)^2} = \frac{-4x^2+4}{(x^2+1)^2} = -\frac{4(x+1)(x-1)}{(x^2+1)^2}$$

$$f''(x) = \frac{-8x(x^2+1)^2 - (-4x^2+4)\cdot 2(x^2+1)\cdot 2x}{(x^2+1)^4}$$

$$= \frac{-8x(x^2+1) + 16x(x^2-1)}{(x^2+1)^3}$$

$$= \frac{8x^3 - 24x}{(x^2+1)^3} = \frac{8x(x^2-3)}{(x^2+1)^3}$$

$$= \frac{8x(x+\sqrt{3})(x-\sqrt{3})}{(x^2+1)^3}$$

$f'(x) = 0$ とすると $x = 1,\ -1$

$f''(x) = 0$ とすると $x = 0,\ \sqrt{3},\ -\sqrt{3}$

よって，増減表は次のようになる。

x	$\cdots$	$-\sqrt{3}$	$\cdots$	-1	$\cdots$	0	$\cdots$	1	$\cdots$	$\sqrt{3}$	$\cdots$
$f'(x)$	$-$	$-$	$-$	0	$+$	$+$	$+$	0	$-$	$-$	$-$
$f''(x)$	$-$	0	$+$	$+$	$+$	0	$-$	$-$	$-$	0	$+$
$f(x)$	↘	$-\sqrt{3}$	↘	-2	↗	0	↗	2	↘	$\sqrt{3}$	↘
		(変曲点)		(極小値)		(変曲点)		(極大値)		(変曲点)	

$f(-1) = -2,\ f(1) = 2,\ f(0) = 0$

$f(-\sqrt{3}) = -\sqrt{3},\ f(\sqrt{3}) = \sqrt{3}$

より **$x = -1$ のとき極小値 -2**

$x = 1$ のとき極大値 2

変曲点は $(0,\ 0)$，$(-\sqrt{3},\ -\sqrt{3})$，$(\sqrt{3},\ \sqrt{3})$

$$\lim_{x\to\infty}\frac{4x}{x^2+1} = 0$$

$$\lim_{x\to-\infty}\frac{4x}{x^2+1} = 0$$

$$\frac{4x}{x^2+1} = \frac{\frac{4}{x}}{1+\frac{1}{x^2}}$$

より**漸近線は x 軸 $(y = 0)$**

グラフは下図のようになる。

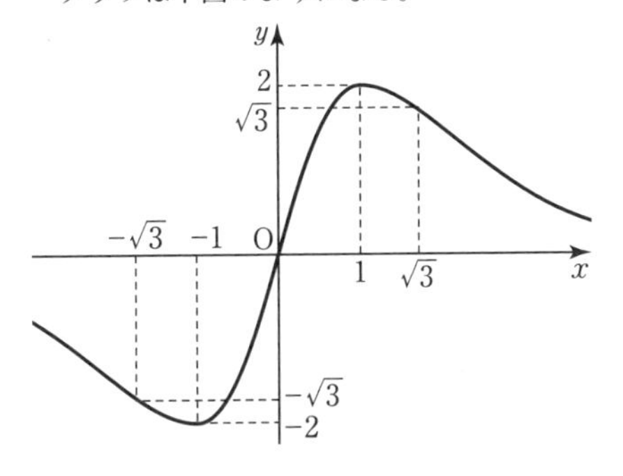

19 関数の最大・最小(I)

●マスター問題

$f(x) = x(\log x)^2$ より

$$f'(x) = (\log x)^2 + x\cdot 2(\log x)\cdot\frac{1}{x} = \log x(\log x + 2)$$

$f'(x) = 0$ とすると $\log x = 0,\ -2$ より

$x = 1,\ \dfrac{1}{e^2}$

よって，増減表は次のようになる。

x	0	$\cdots$	$\frac{1}{e^2}$	$\cdots$	1
$f'(x)$	／	$+$	0	$-$	／
$f(x)$	／	↗	$\frac{4}{e^2}$	↘	／

$$f\left(\frac{1}{e^2}\right) = \frac{1}{e^2}\left(\log\frac{1}{e^2}\right)^2 = \frac{1}{e^2}\cdot(-2)^2 = \frac{4}{e^2}$$

ゆえに，**$x = \dfrac{1}{e^2}$ のとき最大値 $\dfrac{4}{e^2}$**

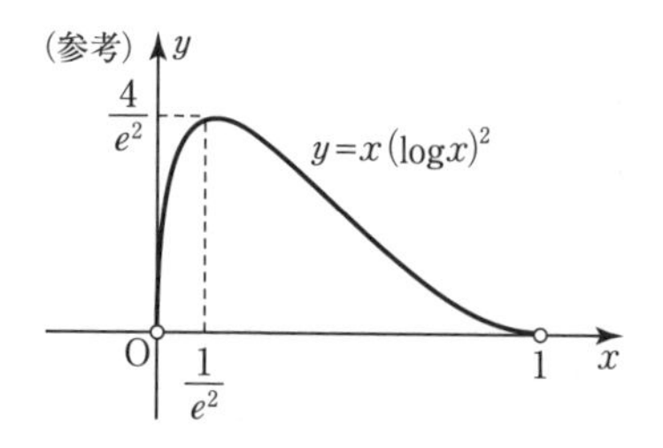

●チャレンジ問題

$f(x)=\dfrac{3x+4}{x^2+1}$　より

$$f'(x)=\frac{3(x^2+1)-(3x+4)\cdot 2x}{(x^2+1)^2}$$

$$=\frac{-3x^2-8x+3}{(x^2+1)^2}$$

$$=-\frac{(x+3)(3x-1)}{(x^2+1)^2}$$

$f'(x)=0$　とすると　$x=-3,\ \dfrac{1}{3}$

よって，増減表は次のようになる。

x	$\cdots$	-3	$\cdots$	$\frac{1}{3}$	$\cdots$
$f'(x)$	$-$	0	$+$	0	$-$
$f(x)$	↘	$-\frac{1}{2}$	↗	$\frac{9}{2}$	↘

$$f(-3)=\frac{-9+4}{9+1}=-\frac{1}{2}$$

$$f\left(\frac{1}{3}\right)=\frac{1+4}{\frac{1}{9}+1}=\frac{45}{1+9}=\frac{9}{2}$$

$$\lim_{x\to\infty}\frac{3x+4}{x^2+1}=0$$

$$\lim_{x\to-\infty}\frac{3x+4}{x^2+1}=0$$

$$\frac{3x+4}{x^2+1}=\frac{\frac{3}{x}+\frac{4}{x^2}}{1+\frac{1}{x^2}}$$

ゆえに，$\boldsymbol{x=\dfrac{1}{3}}$ **のとき最大値** $\boldsymbol{\dfrac{9}{2}}$

$\boldsymbol{x=-3}$ **のとき最小値** $\boldsymbol{-\dfrac{1}{2}}$

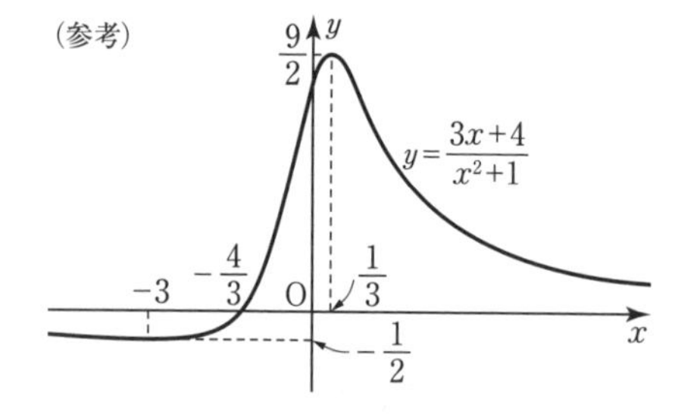

20　関数の最大・最小(II)

●マスター問題

$f(x)=x\sin x+\cos x+1$　より

$f'(x)=\sin x+x\cos x-\sin x$

$=x\cos x$

$f'(x)=0$　とすると　$x=0,\ \cos x=0$

$0\leqq x\leqq\pi$　だから　$x=0,\ \dfrac{\pi}{2}$

よって，増減表は次のようになる。

x	0	$\cdots$	$\frac{\pi}{2}$	$\cdots$	π
$f'(x)$	0	$+$	0	$-$	
$f(x)$	2	↗	$\frac{\pi}{2}+1$	↘	0

$f(0)=2,\ f\left(\dfrac{\pi}{2}\right)=\dfrac{\pi}{2}+1,\ f(\pi)=0$

ゆえに，$\boldsymbol{x=\dfrac{\pi}{2}}$ **のとき最大値** $\boldsymbol{\dfrac{\pi}{2}+1}$

$\boldsymbol{x=\pi}$ **のとき最小値 0**

●チャレンジ問題

$f(x)=\dfrac{\sin x}{2-\sqrt{3}\cos x}$　より

$$f'(x)=\frac{\cos x(2-\sqrt{3}\cos x)-\sin x(\sqrt{3}\sin x)}{(2-\sqrt{3}\cos x)^2}$$

$$=\frac{2\cos x-\sqrt{3}(\cos^2 x+\sin^2 x)}{(2-\sqrt{3}\cos x)^2}$$

$$=\frac{2\cos x-\sqrt{3}}{(2-\sqrt{3}\cos x)^2}$$

$f'(x)=0$　とすると　$\cos x=\dfrac{\sqrt{3}}{2}$

$0\leqq x\leqq\pi$　だから　$x=\dfrac{\pi}{6}$

よって，増減表は次のようになる。

x	0	$\cdots$	$\frac{\pi}{6}$	$\cdots$	π
$f'(x)$		$+$	0	$-$	
$f(x)$	0	↗	1	↘	0

$f(0)=f(\pi)=0$

$$f\left(\frac{\pi}{6}\right)=\frac{\frac{1}{2}}{2-\sqrt{3}\cdot\frac{\sqrt{3}}{2}}=\frac{1}{4-3}=1$$

よって，$\boldsymbol{x=\dfrac{\pi}{6}}$ **のとき最大値 1**

21　関数の増減の応用

●マスター問題

(1)　$f(x)=\dfrac{\log(x+1)}{x}$　より

$$f'(x)=\frac{\frac{1}{x+1}\cdot x-\log(x+1)}{x^2}$$

$$=\boldsymbol{\frac{x-(x+1)\log(x+1)}{x^2(x+1)}}$$

(2) $x>0$ のとき $x^2(x+1)>0$ だから

$f'(x)$ の分子を $g(x)$ とおくと

$g(x)=x-(x+1)\log(x+1)$

$g'(x)=1-\log(x+1)-(x+1)\cdot\dfrac{1}{x+1}$

$=-\log(x+1)<0$ ($x>0$ より)

よって，$g(x)$ は $x>0$ で減少し，

$g(0)=0$ だから $x>0$ で $g(x)<0$ である。

ゆえに $x>0$ で $f'(x)<0$ であり

$f(x)$ は $x>0$ で減少するから

$0<a<b$ のとき $f(b)<f(a)$ が成り立つ。

したがって，$\dfrac{\log(b+1)}{b}<\dfrac{\log(a+1)}{a}$ より

$a\log(b+1)<b\log(a+1)$

$\log(b+1)^a<\log(a+1)^b$

底は e で $e>1$ だから

$(b+1)^a<(a+1)^b$ が成り立つ。

●チャレンジ問題

(1) $f(x)=x\cos x-\sin x$ $(0<x<\pi)$ とおくと

$f'(x)=\cos x-x\sin x-\cos x$

$=-x\sin x$

$0<x<\pi$ で $f'(x)<0$ だから $f(x)$ は減少し，

$f(0)=0$ だから $0<x<\pi$ で $f(x)<0$

よって，$x\cos x-\sin x<0$

(2) $g(x)=\dfrac{\sin x}{x}$ $(0<x<\pi)$ とおくと

$g'(x)=\dfrac{x\cos x-\sin x}{x^2}$

(1)より，$0<x<\pi$ で $x\cos x-\sin x<0$ だから

$g'(x)<0$ となり，$g(x)$ は減少関数。

よって，$0<x<y<\pi$ のとき

$g(y)<g(x)$

ゆえに，$\dfrac{\sin y}{y}<\dfrac{\sin x}{x}$

22 方程式への応用

●マスター問題

$f(x)=xe^{-\frac{x}{2}}$ とおいて

$y=f(x)$ と $y=k$ のグラフの共有点で考える。

$f'(x)=e^{-\frac{x}{2}}+x\left(-\dfrac{1}{2}e^{-\frac{x}{2}}\right)$

$=\dfrac{1}{2}e^{-\frac{x}{2}}(2-x)$

$f'(x)=0$ とすると $x=2$

よって，増減表は次のようになる。

x	0	$\cdots$	2	$\cdots$	4
$f'(x)$		$+$	0	$-$	
$f(x)$	0	↗	$\dfrac{2}{e}$	↘	$\dfrac{4}{e^2}$

$f(0)=0$，$f(2)=\dfrac{2}{e}$，$f(4)=\dfrac{4}{e^2}$

$y=f(x)$ のグラフは下図のようになる。

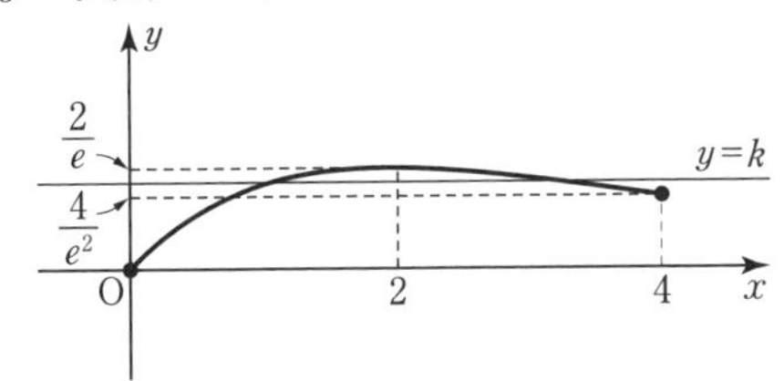

$y=f(x)$ と $y=k$ の共有点を考えて

$\boldsymbol{k<0,\ \dfrac{2}{e}<k}$ **のとき 0個**

$\boldsymbol{0\leqq k<\dfrac{4}{e^2},\ k=\dfrac{2}{e}}$ **のとき 1個**

$\boldsymbol{\dfrac{4}{e^2}\leqq k<\dfrac{2}{e}}$ **のとき 2個**

●チャレンジ問題

$f(x)=e^x(\sin x-\cos x)$ より

$f'(x)=e^x(\sin x-\cos x)$
$+e^x(\cos x+\sin x)$

$=2e^x\sin x$

$f'(x)=0$ とすると $\sin x=0$

$0\leqq x\leqq 2\pi$ だから $x=0,\ \pi,\ 2\pi$

よって，増減表は次のようになる。

x	0	$\cdots$	π	$\cdots$	2π
$f'(x)$		$+$	0	$-$	
$f(x)$	-1	↗	e^{π}	↘	$-e^{2\pi}$

$f(0)=e^0\cdot(-1)=-1$，$f(\pi)=e^{\pi}$

$f(2\pi)=e^{2\pi}\cdot(-1)=-e^{2\pi}$

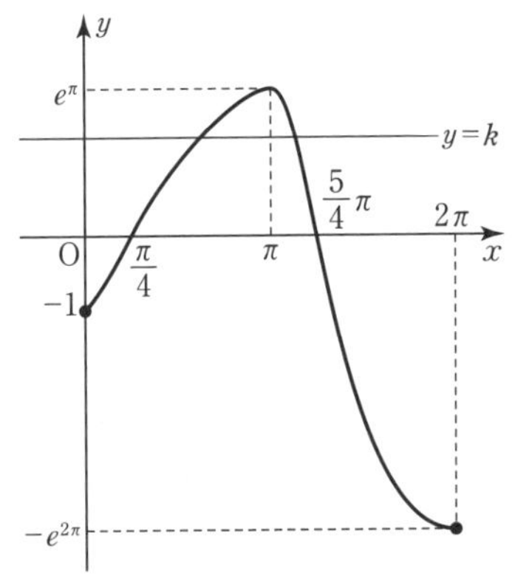

$y=f(x)$ と $y=k$ の共有点を考えて

$\boldsymbol{k<-e^{2\pi},\ e^{\pi}<k}$ **のとき 0個**

$\boldsymbol{-e^{2\pi}\leqq k<-1,\ k=e^{\pi}}$ **のとき 1個**

$\boldsymbol{-1\leqq k<e^{\pi}}$ **のとき 2個**

23 不等式への応用(I)

●マスター問題

(1) $f(x)=\cos x-1+\dfrac{x^2}{2}$ とおくと

$f'(x)=-\sin x+x$

$f''(x)=-\cos x+1\geqq 0$ ($x>0$ より)

よって，$f'(x)$ は $x>0$ で増加関数

$f'(0)=0$ だから $x>0$ で $f'(x)>0$

ゆえに，$f(x)$ は $x>0$ で増加関数

$f(0)=0$ だから $x>0$ で $f(x)>0$

したがって，$x>0$ のとき $1-\dfrac{x^2}{2}<\cos x$

(2) $f(x)=\sqrt{x}-2-\log\dfrac{x}{4}$ とおくと

$$f'(x)=\frac{1}{2\sqrt{x}}-\frac{1}{x}=\frac{\sqrt{x}-2}{2x}$$

$f'(x)=0$ とすると $x=4$

よって，増減表は次のようになる。

x	0	$\cdots$	4	$\cdots$
$f'(x)$		$-$	0	$+$
$f(x)$		↘	0	↗

$f(4)=\sqrt{4}-2-\log\dfrac{4}{4}=0$

ゆえに，$x>0$ で $f(x)\geqq 0$

したがって，$\sqrt{x}\geqq 2+\log\dfrac{x}{4}$

●チャレンジ問題

$f(x)=x^2-\log\left(\dfrac{1}{\cos x}\right)$ とおくと

$=x^2+\log\cos x$

$$f'(x)=2x+\frac{(\cos x)'}{\cos x}=2x-\tan x$$

$$f''(x)=2-\frac{1}{\cos^2 x}=\frac{2\cos^2 x-1}{\cos^2 x}$$

$$=\frac{(\sqrt{2}\cos x+1)(\sqrt{2}\cos x-1)}{\cos^2 x}$$

$f''(x)=0$ とすると $\cos x=\pm\dfrac{1}{\sqrt{2}}$

$0\leqq x\leqq\dfrac{\pi}{3}$ だから $x=\dfrac{\pi}{4}$

よって，増減表は次のようになる。

x	0	$\cdots$	$\frac{\pi}{4}$	$\cdots$	$\frac{\pi}{3}$
$f''(x)$		$+$	0	$-$	
$f'(x)$	0	↗	極大	↘	$\frac{2}{3}\pi-\sqrt{3}$

$f'(0)=0$

$$f'\left(\frac{\pi}{3}\right)=\frac{2\pi}{3}-\tan\frac{\pi}{3}$$

$$=\frac{2}{3}\pi-\sqrt{3}>\frac{2}{3}\cdot 3-\sqrt{3}=2-\sqrt{3}>0$$

$\pi>3$

($f'\left(\dfrac{\pi}{4}\right)$ の値は増減表から $f'\left(\dfrac{\pi}{4}\right)>0$ であることがわかるので求めなくてもよい。)

ゆえに，$0\leqq x\leqq\dfrac{\pi}{3}$ で $f'(x)\geqq 0$ だから

$f(x)$ は増加関数。

$f(0)=0-\log 1=0$ だから $0\leqq x\leqq\dfrac{\pi}{3}$ で

$f(x)\geqq 0$

したがって，$\log\left(\dfrac{1}{\cos x}\right)\leqq x^2$

24 不等式への応用(II)

●マスター問題

(1) $f(x)=e^{x^2}-x^2$ ($x>0$) より

$f'(x)=2xe^{x^2}-2x$

$=2x(e^{x^2}-1)$

$x>0$ のとき，$e^{x^2}>1$ だから $f'(x)>0$

よって，$f(x)$ は $x>0$ で増加関数。

$f(0)=e^0-0=1>0$

ゆえに，$x>0$ で $f(x)>0$ である。

(2) $e^{x^2}-x^2>0$ より

$e^{x^2}>x^2$

$x>0$ だから $\dfrac{e^{x^2}}{x}>x$

ここで，$\displaystyle\lim_{x\to\infty}x<\lim_{x\to\infty}\frac{e^{x^2}}{x}$ であり

$\displaystyle\lim_{x\to\infty}x=\infty$ だから，はさみうちの原理より

$\displaystyle\lim_{x\to\infty}\frac{e^{x^2}}{x}=\infty$ である。

●チャレンジ問題

(1) $f(x)=e^x-\left(1+x+\dfrac{x^2}{2}\right)$ とおくと

$f'(x)=e^x-1-x$

$f''(x)=e^x-1>0$ ($x>0$ より)

よって，$f'(x)$ は増加関数。

$f'(0)=0$ だから $x>0$ で $f'(x)>0$

ゆえに，$f(x)$ は増加関数。

$f(0)=0$ だから $x>0$ で $f(x)>0$

したがって，$e^x>1+x+\dfrac{x^2}{2}$

(2) $e^x>1+x+\dfrac{x^2}{2}$ の逆数をとると

$$\frac{1}{e^x}<\frac{1}{1+x+\frac{x^2}{2}}$$

← 逆数をとると不等号の向きが逆になる

両辺に x（$x>0$）を掛けて

$$\frac{x}{e^x}<\frac{x}{1+x+\frac{x^2}{2}}$$

$$\lim_{x\to\infty}\frac{x}{1+x+\frac{x^2}{2}}=\lim_{x\to\infty}\frac{1}{\frac{1}{x}+1+\frac{x}{2}}=0$$

また，$\frac{x}{e^x}>0$ だから，はさみうちの原理より

$$\lim_{x\to\infty}\frac{x}{e^x}=\mathbf{0}$$

(3) $S_n=\sum_{k=1}^{n}ke^{-k}$

$$=\frac{1}{e}+\frac{2}{e^2}+\frac{3}{e^3}+\cdots+\frac{n}{e^n}\quad\cdots\cdots①$$

$$\frac{1}{e}S_n=\frac{1}{e^2}+\frac{2}{e^3}+\frac{3}{e^4}+\cdots+\frac{n}{e^{n+1}}\quad\cdots\cdots②$$

①－② より

$$\left(1-\frac{1}{e}\right)S_n=\frac{1}{e}+\frac{1}{e^2}+\cdots+\frac{1}{e^n}-\frac{n}{e^{n+1}}$$

$$=\frac{\frac{1}{e}\left\{1-\left(\frac{1}{e}\right)^n\right\}}{1-\frac{1}{e}}-\frac{n}{e^{n+1}}$$

$$\frac{e-1}{e}S_n=\frac{1-\left(\frac{1}{e}\right)^n}{e-1}-\frac{n}{e^{n+1}}$$

よって，$S_n=\frac{e}{(e-1)^2}\left\{1-\left(\frac{1}{e}\right)^n\right\}-\frac{1}{e-1}\cdot\frac{n}{e^n}$

ここで，$\lim_{n\to\infty}\left(\frac{1}{e}\right)^n=0$

また，(2)より $\lim_{n\to\infty}\frac{n}{e^n}=0$ だから

$$\lim_{n\to\infty}S_n=\boldsymbol{\frac{e}{(e-1)^2}}$$

25 中間値の定理／平均値の定理

●マスター問題

$f(x)=x\cos x-\sin x$ とおくと

$f(x)$ は $\frac{4}{3}\pi\leqq x\leqq 2\pi$ で連続である。

$$f'(x)=\cos x+x(-\sin x)-\cos x$$

$$=-x\sin x$$

$\frac{4}{3}\pi<x<2\pi$ で $\sin x<0$ だから $f'(x)>0$

よって，$f(x)$ は $\frac{4}{3}\pi\leqq x\leqq 2\pi$ で単調に増加する。

$$f\left(\frac{4}{3}\pi\right)=\frac{4}{3}\pi\cos\frac{4}{3}\pi-\sin\frac{4}{3}\pi$$

$$=\frac{4}{3}\pi\cdot\left(-\frac{1}{2}\right)-\left(-\frac{\sqrt{3}}{2}\right)$$

$$=-\frac{2}{3}\pi+\frac{\sqrt{3}}{2}<0$$

$$f(2\pi)=2\pi\cos 2\pi-\sin 2\pi=2\pi>0$$

ゆえに，中間値の定理と $f(x)$ が単調に増加することから $x\cos x=\sin x$ は $\frac{4}{3}\pi<x<2\pi$ の範囲にただ1つの解をもつ。

●チャレンジ問題

$f(x)=\log x^{100}$（$x>0$） より

$$f(x)=100\log x,\ f'(x)=\frac{100}{x}$$

$f(x)$ は区間 $[x,\ x+1]$ で微分可能だから

平均値の定理から

$$\frac{f(x+1)-f(x)}{(x+1)-x}=f'(c)\quad(x<c<x+1)$$

を満たす c が存在する。

ここで，$f'(c)=\frac{100}{c}$ だから

$$f(x+1)-f(x)=\frac{100}{c}$$

$0<x<c<x+1$ より逆数をとると

$$\frac{1}{x+1}<\frac{1}{c}<\frac{1}{x}$$

← 逆数をとると不等号の向きが逆になる

各辺に 100 を掛けて

$$\frac{100}{x+1}<\frac{100}{c}<\frac{100}{x}$$

よって，$\frac{100}{x+1}<f(x+1)-f(x)<\frac{100}{x}$

が成り立つ。

26 不定積分・定積分

●マスター問題

(1) $\int\frac{x^2}{2-x}dx=-\int\frac{x^2}{x-2}dx$

$$=-\int\left(x+2+\frac{4}{x-2}\right)dx$$

$$=\boldsymbol{-\frac{1}{2}x^2-2x-4\log|x-2|+C}$$

（C は積分定数）

(2) $\int\frac{x}{\sqrt{x+1}+1}dx$

$$=\int\frac{x(\sqrt{x+1}-1)}{(\sqrt{x+1}+1)(\sqrt{x+1}-1)}dx$$

$$=\int\frac{x(\sqrt{x+1}-1)}{x}dx$$

$$=\int\{(x+1)^{\frac{1}{2}}-1\}dx$$

$$=\frac{2}{3}(x+1)^{\frac{3}{2}}-x+C$$

$= \frac{2}{3}(x+1)\sqrt{x+1} - x + C$ （C は積分定数）

(3) $\int (e^{\frac{x}{2}} - 3^{x-1})dx$

$= \int e^{\frac{x}{2}}dx - \frac{1}{3}\int 3^x dx$

$= 2e^{\frac{x}{2}} - \frac{3^x}{3\log 3} + C$ （C は積分定数）

(4) $\int \frac{1}{x^2+4x+3}dx$

$= \int \frac{1}{(x+1)(x+3)}dx$

$= \frac{1}{2}\int \left(\frac{1}{x+1} - \frac{1}{x+3}\right)dx$

$= \frac{1}{2}(\log|x+1| - \log|x+3|) + C$

$= \frac{1}{2}\log\left|\frac{x+1}{x+3}\right| + C$ （C は積分定数）

(5) $\int_0^{\frac{\pi}{4}} \tan^2 x dx$

$= \int_0^{\frac{\pi}{4}} \left(\frac{1}{\cos^2 x} - 1\right)dx$

$= \left[\tan x - x\right]_0^{\frac{\pi}{4}} = 1 - \frac{\pi}{4}$

(6) $\int_0^{\frac{\pi}{6}} (\sin^4 x + \cos^4 x)dx$

$= \int_0^{\frac{\pi}{6}} \{(\sin^2 x + \cos^2 x)^2 - 2\sin^2 x\cos^2 x\}dx$

$= \int_0^{\frac{\pi}{6}} \left(1 - \frac{1}{2}\sin^2 2x\right)dx$

$= \int_0^{\frac{\pi}{6}} \left(1 - \frac{1-\cos 4x}{4}\right)dx$

$= \left[\frac{3}{4}x + \frac{1}{16}\sin 4x\right]_0^{\frac{\pi}{6}} = \frac{\pi}{8} + \frac{\sqrt{3}}{32}$

●チャレンジ問題

$f(x) = \frac{e^x + e^{-x}}{2}$ より $f'(x) = \frac{e^x - e^{-x}}{2}$

$\int_0^1 \sqrt{1 + \{f'(x)\}^2}dx$

$= \int_0^1 \sqrt{1 + \left(\frac{e^x - e^{-x}}{2}\right)^2}dx$

$= \int_0^1 \sqrt{1 + \frac{e^{2x} - 2 + e^{-2x}}{4}}dx$

$= \int_0^1 \sqrt{\frac{e^{2x} + 2 + e^{-2x}}{4}}dx$

$= \int_0^1 \sqrt{\frac{(e^x + e^{-x})^2}{4}}dx$

$= \int_0^1 \frac{e^x + e^{-x}}{2}dx$

$= \left[\frac{e^x - e^{-x}}{2}\right]_0^1$

$= \frac{e - e^{-1}}{2} = \frac{e^2 - 1}{2e}$

27 置換積分

●マスター問題

(1) $x^2 - 1 = t$ とおくと

$2xdx = dt$ より $xdx = \frac{1}{2}dt$

$\int xe^{x^2-1}dx = \int e^t \cdot \frac{1}{2}dt = \frac{1}{2}e^t + C$

$= \frac{1}{2}e^{x^2-1} + C$ （C は積分定数）

(2) $\cos x = t$ とおくと

$-\sin x dx = dt$ より $\sin x dx = -dt$

$\int \frac{\sin x \cos x}{2 + \cos x}dx = \int \frac{t}{2+t}\cdot(-dt)$

$= \int \left(-1 + \frac{2}{t+2}\right)dt = -t + 2\log|t+2| + C$

$= -\cos x + 2\log|\cos x + 2| + C$

（C は積分定数）

(3) $1 - x^2 = t$ とおくと

$-2xdx = dt$ より

$xdx = -\frac{1}{2}dt$

x	$0 \to 1$
t	$1 \to 0$

$\int_0^1 x\sqrt{1-x^2}dx = \int_1^0 \sqrt{t}\left(-\frac{1}{2}dt\right)$

$= \frac{1}{2}\int_0^1 t^{\frac{1}{2}}dt = \frac{1}{2}\left[\frac{2}{3}t^{\frac{3}{2}}\right]_0^1 = \frac{1}{3}$

(4) $\int_2^3 \frac{2x-1}{x(x-1)}dx = \int_2^3 \frac{2x-1}{x^2-x}dx$

$= \int_2^3 \frac{(x^2-x)'}{x^2-x}dx = \left[\log|x^2-x|\right]_2^3$

$= \log 6 - \log 2 = \log 3$

●チャレンジ問題

(1) $\log x = t$ とおくと

$\frac{1}{x}dx = dt$

x	$e \to e^2$
t	$1 \to 2$

$\int_e^{e^2} \frac{1}{x\log x}dx = \int_1^2 \frac{1}{t}dt$

$= \left[\log t\right]_1^2 = \log 2$

(2) $\int_0^{\frac{\pi}{4}} \frac{1}{\cos x}dx = \int_0^{\frac{\pi}{4}} \frac{\cos x}{\cos^2 x}dx$

$= \int_0^{\frac{\pi}{4}} \frac{\cos x}{1 - \sin^2 x}dx$

$\sin x = t$ とおくと

x	$0 \to \frac{\pi}{4}$
t	$0 \to \frac{\sqrt{2}}{2}$

$\cos x dx = dt$

$$\int_0^{\frac{\pi}{4}} \frac{\cos x}{1-\sin^2 x}dx = \int_0^{\frac{\sqrt{2}}{2}} \frac{1}{1-t^2}dt$$

$$= \frac{1}{2}\int_0^{\frac{\sqrt{2}}{2}} \left(\frac{1}{1+t} + \frac{1}{1-t}\right)dt$$

$$= \frac{1}{2}\Big[\log(1+t) - \log(1-t)\Big]_0^{\frac{\sqrt{2}}{2}}$$

$$= \frac{1}{2}\left\{\log\left(1+\frac{\sqrt{2}}{2}\right) - \log\left(1-\frac{\sqrt{2}}{2}\right)\right\}$$

$$= \frac{1}{2}\log\left(\frac{1+\frac{\sqrt{2}}{2}}{1-\frac{\sqrt{2}}{2}}\right) = \frac{1}{2}\log\left(\frac{\sqrt{2}+1}{\sqrt{2}-1}\right)$$

$$= \frac{1}{2}\log\left\{\frac{(\sqrt{2}+1)^2}{(\sqrt{2}-1)(\sqrt{2}+1)}\right\}$$

$$= \mathbf{\log(1+\sqrt{2})}$$

28 部分積分

●マスター問題

(1) $\displaystyle\int_0^1 xe^x dx$

$$= \int_0^1 x(e^x)'dx = \Big[xe^x\Big]_0^1 - \int_0^1 1\cdot e^x dx$$

$$= e - \Big[e^x\Big]_0^1 = e - (e-1) = \mathbf{1}$$

(2) $\displaystyle\int_0^{\frac{\pi}{4}} x\sin 3x dx$

$$= \int_0^{\frac{\pi}{4}} x\left(-\frac{1}{3}\cos 3x\right)'dx$$

$$= \left[-\frac{1}{3}x\cos 3x\right]_0^{\frac{\pi}{4}} - \int_0^{\frac{\pi}{4}} 1\cdot\left(-\frac{1}{3}\cos 3x\right)dx$$

$$= -\frac{\pi}{12}\cdot\left(-\frac{\sqrt{2}}{2}\right) + \left[\frac{1}{9}\sin 3x\right]_0^{\frac{\pi}{4}}$$

$$= \mathbf{\frac{\sqrt{2}}{24}\pi + \frac{\sqrt{2}}{18}}$$

(3) $\displaystyle\int_1^e (x-1)\log x dx$

$$= \int_1^e \left\{\frac{1}{2}(x-1)^2\right\}'\log x dx$$

$$= \left[\frac{1}{2}(x-1)^2\log x\right]_1^e - \int_1^e \frac{1}{2}(x-1)^2\cdot\frac{1}{x}dx$$

$$= \frac{1}{2}(e-1)^2 - \frac{1}{2}\int_1^e \frac{x^2-2x+1}{x}dx$$

$$= \frac{1}{2}(e-1)^2 - \frac{1}{2}\int_1^e \left(x-2+\frac{1}{x}\right)dx$$

$$= \frac{1}{2}(e-1)^2 - \frac{1}{2}\left[\frac{1}{2}x^2 - 2x + \log x\right]_1^e$$

$$= \frac{1}{2}(e^2-2e+1) - \frac{1}{2}\left(\frac{1}{2}e^2 - 2e + 1 - \frac{1}{2} + 2\right)$$

$$= \mathbf{\frac{e^2-3}{4}}$$

(4) $\displaystyle\int_0^1 (x-2)e^{-\frac{1}{2}x}dx$

$$= \int_0^1 (x-2)(-2e^{-\frac{1}{2}x})'dx$$

$$= \Big[(x-2)(-2e^{-\frac{1}{2}x})\Big]_0^1 - \int_0^1 1\cdot(-2e^{-\frac{1}{2}x})dx$$

$$= -(-2e^{-\frac{1}{2}}) - 4 - \Big[4e^{-\frac{1}{2}x}\Big]_0^1$$

$$= \frac{2}{\sqrt{e}} - 4 - \frac{4}{\sqrt{e}} + 4 = \mathbf{-\frac{2}{\sqrt{e}}}$$

●チャレンジ問題

(1) $\displaystyle\int e^x\cos 2x dx$

$$= \int (e^x)'\cos 2x dx$$

$$= e^x\cos 2x - \int e^x(-2\sin 2x)dx$$

$$= e^x\cos 2x + 2\int (e^x)'\sin 2x dx$$

$$= e^x\cos 2x + 2e^x\sin 2x - 2\int e^x\cdot 2\cos 2x dx$$

よって

$$5\int e^x\cos 2x dx = e^x(2\sin 2x + \cos 2x) + C_1$$

ゆえに

$$\int e^x\cos 2x dx = \mathbf{\frac{1}{5}e^x(2\sin 2x + \cos 2x) + C}$$

(ただし，C_1，C は積分定数で $C = \frac{1}{5}C_1$)

(2) $\displaystyle\int_0^{\frac{\pi}{4}} \frac{x}{\cos^2 x}dx$

$$= \int_0^{\frac{\pi}{4}} x(\tan x)'dx$$

$$= \Big[x\tan x\Big]_0^{\frac{\pi}{4}} - \int_0^{\frac{\pi}{4}} 1\cdot\tan x dx$$

$$= \frac{\pi}{4} - \int_0^{\frac{\pi}{4}} \frac{\sin x}{\cos x}dx$$

$$= \frac{\pi}{4} - \int_0^{\frac{\pi}{4}} \frac{(-\cos x)'}{\cos x}dx$$

$$= \frac{\pi}{4} + \Big[\log|\cos x|\Big]_0^{\frac{\pi}{4}}$$

$$= \frac{\pi}{4} + \log\frac{1}{\sqrt{2}}$$

$$= \mathbf{\frac{\pi}{4} - \frac{1}{2}\log 2}$$

29 三角関数を利用する置換積分

●マスター問題

(1) $x=\sin\theta$ とおくと

x	$\frac{1}{2}\to 1$
θ	$\frac{\pi}{6}\to\frac{\pi}{2}$

$dx=\cos\theta d\theta$

$$\int_{\frac{1}{2}}^{1}\sqrt{1-x^2}\,dx$$
$$=\int_{\frac{\pi}{6}}^{\frac{\pi}{2}}\sqrt{1-\sin^2\theta}\cos\theta d\theta=\int_{\frac{\pi}{6}}^{\frac{\pi}{2}}\sqrt{\cos^2\theta}\cos\theta d\theta$$
$$=\int_{\frac{\pi}{6}}^{\frac{\pi}{2}}\cos^2\theta d\theta=\int_{\frac{\pi}{6}}^{\frac{\pi}{2}}\frac{1+\cos 2\theta}{2}d\theta$$
$$=\left[\frac{1}{2}\theta+\frac{1}{4}\sin 2\theta\right]_{\frac{\pi}{6}}^{\frac{\pi}{2}}$$
$$=\frac{\pi}{4}-\left(\frac{\pi}{12}+\frac{1}{4}\cdot\frac{\sqrt{3}}{2}\right)=\boldsymbol{\frac{\pi}{6}-\frac{\sqrt{3}}{8}}$$

(2) $x=\frac{1}{2}\tan\theta$ とおくと

x	$0\to\frac{1}{2}$
θ	$0\to\frac{\pi}{4}$

$dx=\frac{1}{2\cos^2\theta}d\theta$

$$\int_0^{\frac{1}{2}}\frac{1}{1+4x^2}dx$$
$$=\int_0^{\frac{\pi}{4}}\frac{1}{1+4\cdot\frac{1}{4}\tan^2\theta}\cdot\frac{1}{2\cos^2\theta}d\theta$$
$$=\int_0^{\frac{\pi}{4}}\frac{1}{1+\tan^2\theta}\cdot\frac{1}{2\cos^2\theta}d\theta$$
$$=\int_0^{\frac{\pi}{4}}\cos^2\theta\cdot\frac{1}{2\cos^2\theta}d\theta$$
$$=\int_0^{\frac{\pi}{4}}\frac{1}{2}d\theta=\left[\frac{1}{2}\theta\right]_0^{\frac{\pi}{4}}=\boldsymbol{\frac{\pi}{8}}$$

●チャレンジ問題

$x=\tan\theta$ とおくと

x	$0\to 1$
θ	$0\to\frac{\pi}{4}$

$dx=\frac{1}{\cos^2\theta}d\theta$

$$\int_0^1\frac{1-x}{(1+x^2)^2}dx$$
$$=\int_0^{\frac{\pi}{4}}\frac{1-\tan\theta}{(1+\tan^2\theta)^2}\cdot\frac{1}{\cos^2\theta}d\theta$$
$$=\int_0^{\frac{\pi}{4}}(1-\tan\theta)\cos^4\theta\cdot\frac{1}{\cos^2\theta}d\theta$$
$$=\int_0^{\frac{\pi}{4}}(\cos^2\theta-\sin\theta\cos\theta)d\theta$$
$$=\int_0^{\frac{\pi}{4}}\left(\frac{1+\cos 2\theta}{2}-\frac{1}{2}\sin 2\theta\right)d\theta$$
$$=\left[\frac{1}{2}\theta+\frac{1}{4}\sin 2\theta+\frac{1}{4}\cos 2\theta\right]_0^{\frac{\pi}{4}}$$
$$=\left(\frac{\pi}{8}+\frac{1}{4}\right)-\frac{1}{4}=\boldsymbol{\frac{\pi}{8}}$$

30 絶対値がついた関数の定積分

●マスター問題

$\log x\geqq 1$ のとき $e\leqq x\leqq 4$

$\log x\leqq 1$ のとき $1\leqq x\leqq e$

だから

$$\int_1^4|\log x-1|dx$$
$$=\int_1^e(1-\log x)dx+\int_e^4(\log x-1)dx$$

ここで $\int\log x=\int x'\log x dx$

$$=x\log x-\int x\cdot\frac{1}{x}dx$$
$$=x\log x-x+C$$

だから

$$(\text{与式})=\Big[x-x\log x+x\Big]_1^e$$
$$+\Big[x\log x-x-x\Big]_e^4$$
$$=(e-2)+(4\log 4-8-e+2e)$$
$$=\boldsymbol{8\log 2+2e-10}$$

●チャレンジ問題

$\sin|x-t|=\sin|t-x|$ とする。

積分区間は $\left[0,\ \frac{\pi}{2}\right]$

> tについての積分だから，考えやすい$|t-x|$とする。

だから

$t-x\geqq 0$ すなわち

$x\leqq t\leqq\frac{\pi}{2}$ のとき $|t-x|=t-x$ だから

$\sin|t-x|=\sin(t-x)$

$t-x\leqq 0$ すなわち

$0\leqq t\leqq x$ のとき $|t-x|=-t+x$ だから

$\sin|t-x|=\sin(x-t)$

よって

$$f(x)=\int_0^{\frac{\pi}{2}}\sin|x-t|dt$$
$$=\int_0^x\sin(x-t)dt+\int_x^{\frac{\pi}{2}}\sin(t-x)dt$$
$$=\Big[\cos(x-t)\Big]_0^x+\Big[-\cos(t-x)\Big]_x^{\frac{\pi}{2}}$$
$$=1-\cos x-\cos\left(\frac{\pi}{2}-x\right)+1$$
$$=2-\cos x-\sin x$$
$$=2-\sqrt{2}\sin\left(x+\frac{\pi}{4}\right)$$

$0\leqq x\leqq\frac{\pi}{2}$ だから $\frac{\pi}{4}\leqq x+\frac{\pi}{4}\leqq\frac{3}{4}\pi$

ゆえに，$\frac{1}{\sqrt{2}}\leqq\sin\left(x+\frac{\pi}{4}\right)\leqq 1$

したがって，

最小値は $\sin\left(x+\dfrac{\pi}{4}\right)=1$

すなわち，$x+\dfrac{\pi}{4}=\dfrac{\pi}{2}$ より

$\boldsymbol{x=\dfrac{\pi}{4}}$ **のとき** $\boldsymbol{2-\sqrt{2}}$

最大値は $\sin\left(x+\dfrac{\pi}{4}\right)=\dfrac{1}{\sqrt{2}}$

すなわち，$x+\dfrac{\pi}{4}=\dfrac{\pi}{4}$，$\dfrac{3}{4}\pi$ より

$\boldsymbol{x=0,\ \dfrac{\pi}{2}}$ **のとき** $\boldsymbol{1}$

31 定積分で表された関数(I)

●マスター問題

(1) $\displaystyle\int_0^1 f(t)dt=k$（定数）……①とおくと

$f(x)=e^x-k$ と表せるから

①に代入して

$$k=\int_0^1 (e^t-k)dt$$

$$=\Big[e^t-kt\Big]_0^1$$

$$=e-k-1$$

$2k=e-1$ より $k=\dfrac{e-1}{2}$

よって，$\boldsymbol{f(x)=e^x-\dfrac{e-1}{2}}$

(2) $\displaystyle\int_0^{\frac{\pi}{2}} f(t)dt=k$（定数）……①　とおくと

$f(x)=\cos x+k$　と表せるから

①に代入して

$$k=\int_0^{\frac{\pi}{2}}(\cos t+k)dt$$

$$=\Big[\sin t+kt\Big]_0^{\frac{\pi}{2}}=1+\frac{k}{2}\pi$$

$2k=2+k\pi$

$(2-\pi)k=2$　より　$k=\dfrac{2}{2-\pi}$

よって，$\boldsymbol{f(x)=\cos x+\dfrac{2}{2-\pi}}$

●チャレンジ問題

$\displaystyle\int_1^e \frac{\{f(t)\}^2}{t}dt=k$（定数）……①とおくと

$f(x)=\log x-3k$ と表せるから

①に代入して

$$k=\int_1^e \frac{(\log t-3k)^2}{t}dt$$

$$=\int_1^e \frac{(\log t)^2-6k\log t+9k^2}{t}dt$$

$$=\int_1^e \frac{(\log t)^2}{t}dt-6k\int_1^e \frac{\log t}{t}dt+9k^2\int_1^e \frac{1}{t}dt$$

ここで

$\log t=s$ とおくと

t	$1\to e$
s	$0\to 1$

$\dfrac{1}{t}dt=ds$

$$\int_1^e \frac{(\log t)^2}{t}dt=\int_0^1 s^2ds=\left[\frac{1}{3}s^3\right]_0^1=\frac{1}{3}$$

$$\int_1^e \frac{\log t}{t}dt=\int_0^1 s\,ds=\left[\frac{1}{2}s^2\right]_0^1=\frac{1}{2}$$

$$\int_1^e \frac{1}{t}dt=\Big[\log t\Big]_1^e=1$$

（$\log t=s$ とおかない場合

$$\int_1^e \frac{(\log t)^2}{t}dt=\int_1^e (\log t)^2(\log t)'dt$$

$$=\left[\frac{1}{3}(\log t)^3\right]_1^e=\frac{1}{3}$$

$$\int_1^e \frac{\log t}{t}dt=\int_1^e (\log t)(\log t)'dt$$

$$=\left[\frac{1}{2}(\log t)^2\right]_1^e=\frac{1}{2}$$

）

よって，

$$k=\frac{1}{3}-6k\cdot\frac{1}{2}+9k^2\cdot 1$$

$27k^2-12k+1=0$

$(3k-1)(9k-1)=0$　より　$k=\dfrac{1}{3}$，$\dfrac{1}{9}$

ゆえに，

$\boldsymbol{f(x)=\log x-1}$　**または**　$\boldsymbol{f(x)=\log x-\dfrac{1}{3}}$

32 定積分で表された関数(II)

●マスター問題

$$\int_a^x f(t)dt=e^{2x}-\int_0^1 f(t)dt-1$$

の両辺を x で微分して

$$\left(\int_a^x f(t)dt\right)'=\left(e^{2x}-\int_0^1 f(t)dt-1\right)'$$

よって，$\boldsymbol{f(x)=2e^{2x}}$

与式に $x=a$ を代入すると

$$\int_a^a f(t)dt=e^{2a}-\int_0^1 2e^{2t}dt-1$$

$$=e^{2a}-\Big[e^{2t}\Big]_0^1-1$$

これより

$e^{2a}-(e^2-1)-1=0$

よって，$e^{2a}=e^2$ より $\boldsymbol{a=1}$

●チャレンジ問題

(1) $\int_a^x (x-t)f(t)dt = 2\sin x - x + b$

$x\int_a^x f(t)dt - \int_a^x tf(t)dt$

$= 2\sin x - x + b$ ……①

の両辺を x で微分して

$(x)'\int_a^x f(t)dt + x\left(\int_a^x f(t)dt\right)'$

$= (2\sin x - x + b)'$

$\int_a^x f(t)dt + xf(x) - xf(x) = 2\cos x - 1$

よって，$\int_a^x f(t)dt = \mathbf{2\cos x - 1}$

(2) $\int_a^x f(t)dt = 2\cos x - 1$ ……②

の両辺を x で微分して

$\left(\int_a^x f(t)dt\right)' = (2\cos x - 1)'$

$f(x) = \mathbf{-2\sin x}$

(3) ②に $x = a$ を代入すると

$2\cos a - 1 = 0$ より $\cos a = \frac{1}{2}$

$0 \leqq a \leqq \frac{\pi}{2}$ だから $\mathbf{a = \frac{\pi}{3}}$

①に $x = a$ を代入すると

$2\sin a - a + b = 0$

$a = \frac{\pi}{3}$ だから

$2\sin\frac{\pi}{3} - \frac{\pi}{3} + b = 0$

よって，$\mathbf{b = \frac{\pi}{3} - \sqrt{3}}$

33 定積分の漸化式

●マスター問題

(1) $I_{n+2} = \int_0^{\frac{\pi}{2}} \sin^{n+2}x\,dx$

$= \int_0^{\frac{\pi}{2}} \sin^{n+1}x\sin x\,dx$

$= \int_0^{\frac{\pi}{2}} \sin^{n+1}x(-\cos x)'dx$

$= \left[-\sin^{n+1}x\cos x\right]_0^{\frac{\pi}{2}} + \int_0^{\frac{\pi}{2}} (n+1)\sin^n x\cos^2 x\,dx$

$= 0 + (n+1)\int_0^{\frac{\pi}{2}} \sin^n x(1-\sin^2 x)dx$

$= -(n+1)\int_0^{\frac{\pi}{2}} \sin^{n+2}x\,dx + (n+1)\int_0^{\frac{\pi}{2}} \sin^n x\,dx$

$= -(n+1)I_{n+2} + (n+1)I_n$

$(n+2)I_{n+2} = (n+1)I_n$

よって，$\mathbf{I_{n+2} = \frac{n+1}{n+2}I_n}$

(2) $\mathbf{I_0} = \int_0^{\frac{\pi}{2}} dx = \left[x\right]_0^{\frac{\pi}{2}} = \mathbf{\frac{\pi}{2}}$

$\sin^0 x = 1$

$I_6 = \frac{4+1}{4+2}I_4 = \frac{5}{6}I_4$，$I_4 = \frac{2+1}{2+2}I_2 = \frac{3}{4}I_2$

$I_2 = \frac{0+1}{0+2}I_0 = \frac{1}{2}\cdot\frac{\pi}{2} = \frac{\pi}{4}$

よって，$\mathbf{I_6} = \frac{5}{6}\cdot\frac{3}{4}\cdot\frac{\pi}{4} = \mathbf{\frac{5}{32}\pi}$

●チャレンジ問題

(1) $S_1 = \int_1^e \log x\,dx = \int_1^e (x)'\log x\,dx$

$= \left[x\log x\right]_1^e - \int_1^e x\cdot\frac{1}{x}dx$

$= e - \left[x\right]_1^e = e - (e-1) = \mathbf{1}$

(2) $S_{n+1} = \int_1^e (\log x)^{n+1}dx$

$= \int_1^e (x)'(\log x)^{n+1}dx$

$= \left[x(\log x)^{n+1}\right]_1^e - \int_1^e x(n+1)(\log x)^n\cdot\frac{1}{x}dx$

$= e - (n+1)\int_1^e (\log x)^n dx$

よって，$\mathbf{S_{n+1} = e - (n+1)S_n}$

(3) (2)より

$(n+1)S_n = e - S_{n+1}$

$S_n = \frac{e - S_{n+1}}{n+1}$

$1 \leqq x \leqq e$ のとき，$0 \leqq \log x \leqq 1$ だから

$S_n = \int_1^e (\log x)^n dx \geqq 0$

$S_{n+1} = \int_1^e (\log x)^{n+1}dx \geqq 0$

よって，$0 \leqq S_n \leqq \frac{e}{n+1}$

$\lim_{n\to\infty}\frac{e}{n+1} = 0$ だから，はさみうちの原理より

$\lim_{n\to\infty} S_n = \mathbf{0}$

(4) (2)より

$S_{n+1} = e - nS_n - S_n$

$nS_n = e - S_n - S_{n+1}$

$\lim_{n\to\infty} S_n = \lim_{n\to\infty} S_{n+1} = 0$

よって，$\lim_{n\to\infty} nS_n = \mathbf{e}$

34 定積分と級数

●マスター問題

(1) $\lim_{n\to\infty}\sum_{k=1}^{n}\frac{1}{n}\cos^2\left(\frac{k\pi}{4n}\right)$

$=\lim_{n\to\infty}\frac{1}{n}\sum_{k=1}^{n}\cos^2\left(\frac{\pi}{4}\cdot\frac{k}{n}\right)$

$=\int_0^1\cos^2\frac{\pi}{4}xdx$

$=\int_0^1\frac{1}{2}\left(1+\cos\frac{\pi}{2}x\right)dx$

$=\left[\frac{1}{2}x+\frac{1}{\pi}\sin\frac{\pi}{2}x\right]_0^1$

$=\boldsymbol{\frac{1}{2}+\frac{1}{\pi}}$

(2) $\lim_{n\to\infty}\sum_{k=1}^{n}\frac{1}{n+k}\{\log(n+k)-\log n\}$

$=\lim_{n\to\infty}\sum_{k=1}^{n}\frac{1}{n}\cdot\frac{n}{n+k}\cdot\log\frac{n+k}{n}$

$=\lim_{n\to\infty}\frac{1}{n}\sum_{k=1}^{n}\frac{1}{1+\frac{k}{n}}\cdot\log\left(1+\frac{k}{n}\right)$

$=\int_0^1\frac{1}{1+x}\log(1+x)dx$

$\log(1+x)=t$ とおくと

$\frac{1}{1+x}dx=dt$ より

x	$0\to1$
t	$0\to\log2$

$\int_0^1\frac{1}{1+x}\log(1+x)dx$

$=\int_0^{\log2}tdt=\left[\frac{1}{2}t^2\right]_0^{\log2}=\boldsymbol{\frac{1}{2}(\log2)^2}$

(参考) $\int_0^1\frac{1}{1+x}\log(1+x)dx$

$=\int_0^1\log(1+x)\{\log(1+x)\}'dx$

$=\left[\frac{1}{2}\{\log(1+x)\}^2\right]_0^1$

$=\frac{1}{2}(\log2)^2$ と計算してもよい。

●チャレンジ問題

$a_n=\frac{1}{n}\sqrt[n]{(3n+1)(3n+2)\cdot\cdots\cdot(4n)}$ とおくと

$=\sqrt[n]{\frac{(3n+1)(3n+2)\cdot\cdots\cdot(4n)}{n^n}}$ 　← $n=\sqrt[n]{n^n}$

$=\sqrt[n]{\frac{3n+1}{n}\cdot\frac{3n+2}{n}\cdot\cdots\cdot\frac{3n+n}{n}}$

$=\sqrt[n]{\left(3+\frac{1}{n}\right)\left(3+\frac{2}{n}\right)\cdot\cdots\cdot\left(3+\frac{n}{n}\right)}$

よって，

$\log a_n=\log\sqrt[n]{\left(3+\frac{1}{n}\right)\left(3+\frac{2}{n}\right)\cdot\cdots\cdot\left(3+\frac{n}{n}\right)}$

$=\frac{1}{n}\log\left(3+\frac{1}{n}\right)\left(3+\frac{2}{n}\right)\cdot\cdots\cdot\left(3+\frac{n}{n}\right)$

$=\frac{1}{n}\left\{\log\left(3+\frac{1}{n}\right)+\log\left(3+\frac{2}{n}\right)+\cdots\right.$

$\left.\cdots+\log\left(3+\frac{n}{n}\right)\right\}$

$=\frac{1}{n}\sum_{k=1}^{n}\log\left(3+\frac{k}{n}\right)$

ゆえに

$\lim_{n\to\infty}\log a_n$

$=\lim_{n\to\infty}\frac{1}{n}\sum_{k=1}^{n}\log\left(3+\frac{k}{n}\right)$

$=\int_0^1\log(3+x)dx$

$=\int_0^1(x+3)'\log(x+3)dx$

$=\Big[(x+3)\log(x+3)\Big]_0^1-\int_0^1(x+3)\cdot\frac{1}{x+3}dx$

$=4\log4-3\log3-\Big[x\Big]_0^1$

$=\log4^4-\log3^3-1$

$=\log\frac{4^4}{3^3e}=\log\frac{256}{27e}$

したがって，$\lim_{n\to\infty}a_n=\boldsymbol{\frac{256}{27e}}$

35 定積分と不等式(I)

●マスター問題

(1) $f(x)=\sin x-\frac{2}{\pi}x$ $\left(0\leqq x\leqq\frac{\pi}{2}\right)$ とおくと

$f'(x)=\cos x-\frac{2}{\pi}$

ここで，$f'(x)=0$ となる x の値を

$x=\alpha$ $\left(0<\alpha<\frac{\pi}{2}\right)$ すなわち

$\cos\alpha=\frac{2}{\pi}$ として増減表をかくと次のようになる。

x	0	$\cdots$	α	$\cdots$	$\frac{\pi}{2}$
$f'(x)$		$+$	0	$-$	
$f(x)$	0	↗	極大	↘	0

$f(0)=0$，$f\left(\frac{\pi}{2}\right)=\sin\frac{\pi}{2}-\frac{2}{\pi}\cdot\frac{\pi}{2}=1-1=0$

増減表より $0\leqq x\leqq\frac{\pi}{2}$ で $f(x)\geqq0$ である。

よって，$\frac{2}{\pi}x\leqq\sin x$

(2) (1)より $-\dfrac{2}{\pi}x \geqq -\sin x\ \left(0 \leqq x \leqq \dfrac{\pi}{2}\right)$ であり

$e^{-\sin x} \leqq e^{-\frac{2}{\pi}x}$ が成り立つから

$0 \leqq x \leqq \dfrac{\pi}{2}$ において

$$\int_0^{\frac{\pi}{2}} e^{-\sin x}dx \leqq \int_0^{\frac{\pi}{2}} e^{-\frac{2}{\pi}x}dx$$

$$\int_0^{\frac{\pi}{2}} e^{-\frac{2}{\pi}x}dx = \left[-\frac{\pi}{2}e^{-\frac{2}{\pi}x}\right]_0^{\frac{\pi}{2}}$$

$$= -\frac{\pi}{2}(e^{-1}-1) = \frac{\pi}{2}\left(1-\frac{1}{e}\right)$$

よって，$\displaystyle\int_0^{\frac{\pi}{2}} e^{-\sin x}dx \leqq \frac{\pi}{2}\left(1-\frac{1}{e}\right)$

が成り立つ。

●チャレンジ問題

(1) $y=\log(x+\sqrt{1+x^2})$ より

$$y' = \frac{(x+\sqrt{1+x^2})'}{x+\sqrt{1+x^2}}$$

$$= \frac{1+\frac{1}{2}(1+x^2)^{-\frac{1}{2}}\cdot 2x}{x+\sqrt{1+x^2}}$$

分母，分子に $\sqrt{1+x^2}$ を掛ける。

$$= \frac{\sqrt{1+x^2}+x}{(x+\sqrt{1+x^2})\sqrt{1+x^2}}$$

$$= \boldsymbol{\frac{1}{\sqrt{1+x^2}}}$$

(2) $1+x^2 \geqq 1$ だから $1+x^2 \geqq \sqrt{1+x^2}$

よって，$\dfrac{1}{1+x^2} \leqq \dfrac{1}{\sqrt{1+x^2}}$ （等号は $x=0$ のとき）

ゆえに，$\displaystyle\int_0^a \frac{1}{1+x^2}dx < \int_0^a \frac{1}{\sqrt{1+x^2}}dx$

(3) $a=1$ のとき

$$\int_0^1 \frac{1}{1+x^2}dx < \int_0^1 \frac{1}{\sqrt{1+x^2}}dx$$

(1)より $\displaystyle\int_0^1 \frac{1}{\sqrt{1+x^2}}dx = \left[\log(x+\sqrt{1+x^2})\right]_0^1$

$$= \log(1+\sqrt{2})$$

また，$x=\tan\theta$ とおくと

x	$0\to1$
θ	$0\to\frac{\pi}{4}$

$dx = \dfrac{1}{\cos^2\theta}d\theta$

$$\int_0^1 \frac{1}{1+x^2}dx = \int_0^{\frac{\pi}{4}} \frac{1}{1+\tan^2\theta}\cdot\frac{1}{\cos^2\theta}d\theta$$

$$= \int_0^{\frac{\pi}{4}} d\theta = \Big[\theta\Big]_0^{\frac{\pi}{4}} = \frac{\pi}{4}$$

よって，$\dfrac{\pi}{4} < \log(1+\sqrt{2})$ が成り立つ。

36 定積分と不等式(II)

●マスター問題

$f(x)=\log x$ は増加関数である。

自然数 k に対して $k \leqq x \leqq k+1$ のとき

$$\log k \leqq \log x \leqq \log(k+1)$$

$$\int_k^{k+1}\log k dx \leqq \int_k^{k+1}\log x dx \leqq \int_k^{k+1}\log(k+1)dx$$

よって，$\displaystyle\log k \leqq \int_k^{k+1}\log x dx \leqq \log(k+1)$

$$\left(\begin{aligned} &\int_k^{k+1}\log k dx = (\log k)\Big[x\Big]_k^{k+1} = \log k \\ &\int_k^{k+1}\log(k+1)dx = \{\log(k+1)\}\Big[x\Big]_k^{k+1} \\ &\qquad = \log(k+1) \end{aligned}\right)$$

(i) $\displaystyle\log k \leqq \int_k^{k+1}\log x dx$ において

$k=2,\ 3,\ 4,\ \cdots,\ n$ を代入して，辺々加えると

(左辺) $=\log 2+\log 3+\cdots+\log n$

$$(\text{右辺}) = \int_2^3 \log x dx + \int_3^4 \log x dx + \cdots$$

$$\cdots + \int_n^{n+1}\log x dx$$

$$= \int_2^{n+1}\log x dx$$

ゆえに，

$$\log 2+\log 3+\cdots+\log n \leqq \int_2^{n+1}\log x dx \quad \cdots①$$

(ii) $\displaystyle\int_k^{k+1}\log x dx \leqq \log(k+1)$ において

$k=1,\ 2,\ 3,\ \cdots,\ n-1$ を代入して，辺々加えると

$$(\text{左辺}) = \int_1^2 \log x dx + \int_2^3 \log x dx + \cdots$$

$$\cdots + \int_{n-1}^n \log x dx = \int_1^n \log x dx$$

(右辺) $=\log 2+\log 3+\cdots+\log n$

ゆえに，

$$\int_1^n \log x dx \leqq \log 2+\log 3+\cdots+\log n \quad \cdots②$$

したがって，(i)，(ii)より

$$\int_1^n \log x dx \leqq \log 2+\log 3+\cdots+\log n \leqq \int_2^{n+1}\log x dx$$

が成り立つ。

参考

①の式は

$$\sum_{k=2}^{n}\log k \leqq \sum_{k=2}^{n}\int_{k}^{k+1}\log x dx$$

②の式は

$$\sum_{k=1}^{n-1}\int_{k}^{k+1}\log x dx \leqq \sum_{k=1}^{n-1}\log(k+1)$$

と表すことができる。

また，①，②をグラフで表すと次の図のようになる。

①の図

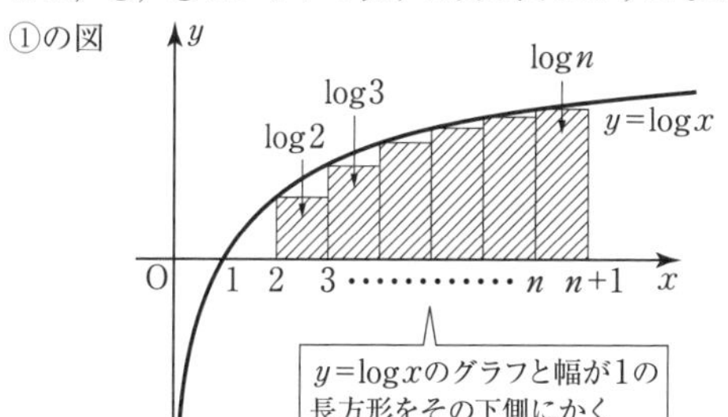

上図で関数 $\log x$ と x 軸で挟まれた

$2 \leqq x \leqq n+1$ の部分の面積は

$$\int_{2}^{n+1}\log x dx$$

面積を比べると

$$\log 2+\log 3+\cdots+\log n \leqq \int_{2}^{n+1}\log x dx$$

②の図

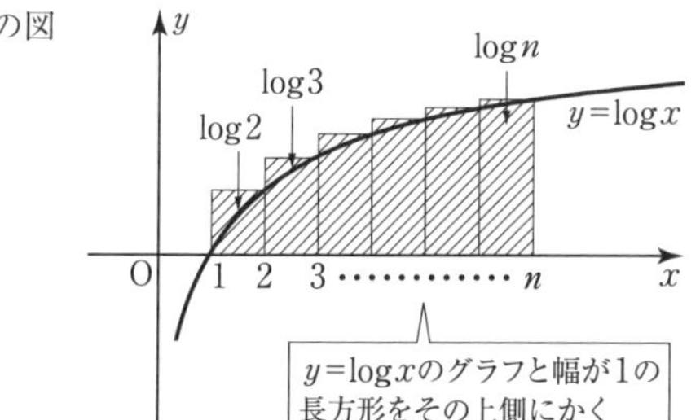

$$\int_{1}^{n}\log x dx \leqq \log 2+\log 3+\cdots+\log n$$

●チャレンジ問題

$$\int \log x dx = \int (x)'\log x dx$$

$$= x\log x - \int x\cdot\frac{1}{x}dx$$

$$= x\log x - x + C \quad \text{より}$$

$$\int_{1}^{n}\log x dx = \Big[x\log x - x\Big]_{1}^{n}$$

$$= n\log n - n + 1$$

$$= \log n^{n} + \log e^{-n+1}$$

$$= \log n^{n}e^{-n+1}$$

$$\int_{2}^{n+1}\log x dx = \Big[x\log x - x\Big]_{2}^{n+1}$$

$$= (n+1)\log(n+1)-(n+1)-2\log 2+2$$

$$= \log(n+1)^{n+1}-\log 4-n+1$$

$$= \log(n+1)^{n+1}-\log 4+\log e^{-n+1}$$

$$= \log\frac{(n+1)^{n+1}e^{-n+1}}{4}$$

また，$\log 2+\log 3+\cdots+\log n$

$= \log(2\cdot 3\cdot\cdots\cdot n) = \log n!$

前問のマスター問題の不等式より

$$\log n^{n}e^{-n+1} \leqq \log n! \leqq \log\frac{(n+1)^{n+1}e^{-n+1}}{4}$$

底は e で $e>1$

よって，$n^{n}e^{-n+1} \leqq n! \leqq \dfrac{1}{4}(n+1)^{n+1}e^{-n+1}$

37 面積(I)

●マスター問題

(1)

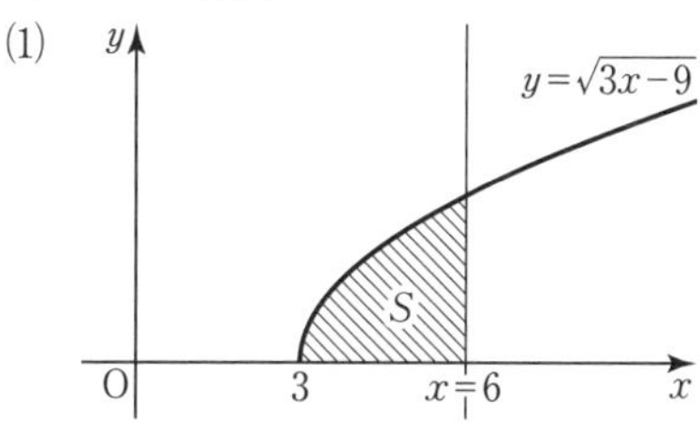

求める面積を S とすると

$$S = \int_{3}^{6}\sqrt{3x-9}\,dx = \int_{3}^{6}(3x-9)^{\frac{1}{2}}dx$$

$$= \left[\frac{1}{3}\cdot\frac{2}{3}(3x-9)^{\frac{3}{2}}\right]_{3}^{6}$$

$$= \frac{2}{9}\left[(3x-9)^{\frac{3}{2}}\right]_{3}^{6}$$

$$= \frac{2}{9}(9^{\frac{3}{2}}-0) = \mathbf{6}$$

(2)

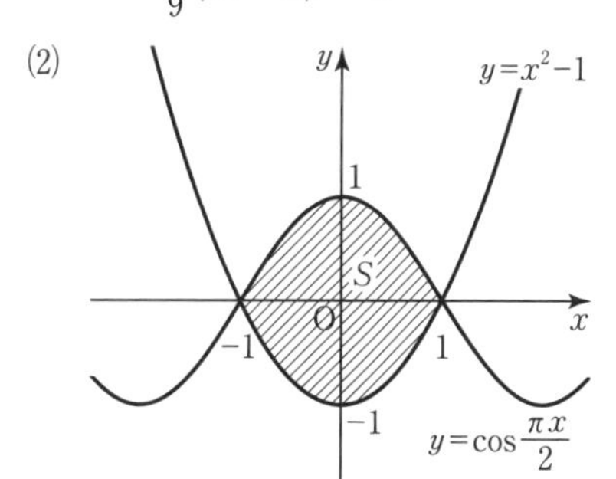

求める面積を S とすると

$$S = \int_{-1}^{1}\left\{\cos\frac{\pi x}{2}-(x^{2}-1)\right\}dx$$

$$= 2\int_{0}^{1}\left(\cos\frac{\pi x}{2}-x^{2}+1\right)dx$$

$$= 2\left[\frac{2}{\pi}\sin\frac{\pi x}{2}-\frac{1}{3}x^{3}+x\right]_{0}^{1}$$

$$= 2\left(\frac{2}{\pi}-\frac{1}{3}+1\right)$$

$$= \boldsymbol{\frac{4}{\pi}+\frac{4}{3}}$$

●チャレンジ問題

(1) $y=xe^{-x}$ より

$y'=e^{-x}+x(-e^{-x})=e^{-x}(1-x)$

$y'=0$ とすると $x=1$

よって，増減表は次のようになる。

x	$\cdots$	1	$\cdots$
y'	$+$	0	$-$
y	↗	$\frac{1}{e}$	↘

ゆえに，$\boldsymbol{x<1}$ で増加し，$\boldsymbol{1<x}$ で減少する。

また，$\boldsymbol{x=1}$ のとき極大値 $\boldsymbol{\frac{1}{e}}$ をとる。

$\lim_{x\to\infty} xe^{-x}=0$ より x 軸が漸近線

グラフは下図のようになる。

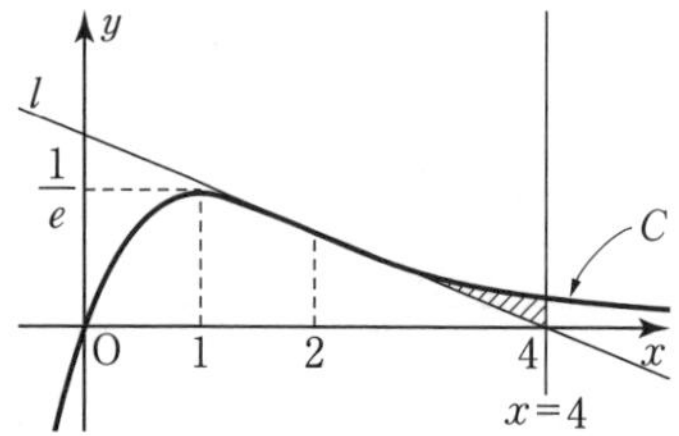

(2) $y''=-e^{-x}(1-x)+e^{-x}(-1)$

$=e^{-x}(x-2)$

$y''=0$ より $x=2$

$x<2$ のとき $y''<0$

$x>2$ のとき $y''>0$

$x=2$ のとき $y=\frac{2}{e^2}$

これより変曲点は $\left(2,\ \frac{2}{e^2}\right)$

$x=2$ のとき $y'=e^{-2}(1-2)=-\frac{1}{e^2}$

接線 l の方程式は

$y-\frac{2}{e^2}=-\frac{1}{e^2}(x-2)$ より

$\boldsymbol{y=-\frac{1}{e^2}x+\frac{4}{e^2}}$

(3) l と x 軸の交点の x 座標は

$-\frac{1}{e^2}x+\frac{4}{e^2}=0$ より $x=4$

求める面積を S とすると，上図の斜線部分だから

$$S=\int_2^4\left\{xe^{-x}-\left(-\frac{1}{e^2}x+\frac{4}{e^2}\right)\right\}dx$$

$$=\int_2^4 xe^{-x}dx+\frac{1}{e^2}\int_2^4(x-4)dx$$

ここで

$$\int xe^{-x}dx=\int x(-e^{-x})'dx$$

$$=-xe^{-x}-\int 1\cdot(-e^{-x})dx$$

$$=-xe^{-x}-e^{-x}+C$$

$$=-e^{-x}(x+1)+C$$

よって

$$S=\Big[-e^{-x}(x+1)\Big]_2^4+\frac{1}{e^2}\left[\frac{1}{2}x^2-4x\right]_2^4$$

$$=\left(-\frac{5}{e^4}+\frac{3}{e^2}\right)+\frac{1}{e^2}(-8+6)$$

$$=\boldsymbol{\frac{1}{e^2}-\frac{5}{e^4}}$$

38 面積(II)

●マスター問題

$y=\sin x$ と $y=\sqrt{3}\cos x$ のグラフは下図のようになる。

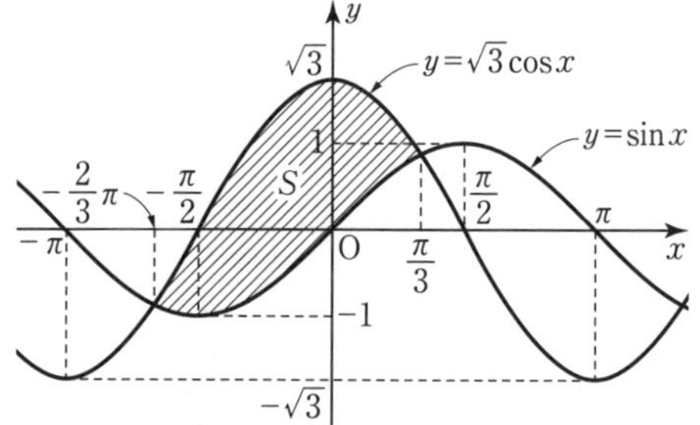

C_1 と C_2 の交点の x 座標は

$\sin x=\sqrt{3}\cos x$ より

$\sin x-\sqrt{3}\cos x=0$

$2\sin\left(x-\frac{\pi}{3}\right)=0$

$-\pi\leqq x\leqq\pi$ だから $-\frac{4}{3}\pi\leqq x-\frac{\pi}{3}\leqq\frac{2}{3}\pi$

$x-\frac{\pi}{3}=-\pi,\ 0$ より $x=-\frac{2}{3}\pi,\ \frac{\pi}{3}$

よって，求める面積を S とすると

$$S=\int_{-\frac{2}{3}\pi}^{\frac{\pi}{3}}(\sqrt{3}\cos x-\sin x)dx$$

$$=\Big[\sqrt{3}\sin x+\cos x\Big]_{-\frac{2}{3}\pi}^{\frac{\pi}{3}}$$

$$=\left(\frac{3}{2}+\frac{1}{2}\right)-\left(-\frac{3}{2}-\frac{1}{2}\right)=\boldsymbol{4}$$

●チャレンジ問題

$y^2=3(x+1)$ より $x=\frac{1}{3}y^2-1$ だから放物線と直線 $x=2$ の交点の y 座標は

$2=\frac{1}{3}y^2-1$ より $y^2=9,\ y=\pm 3$

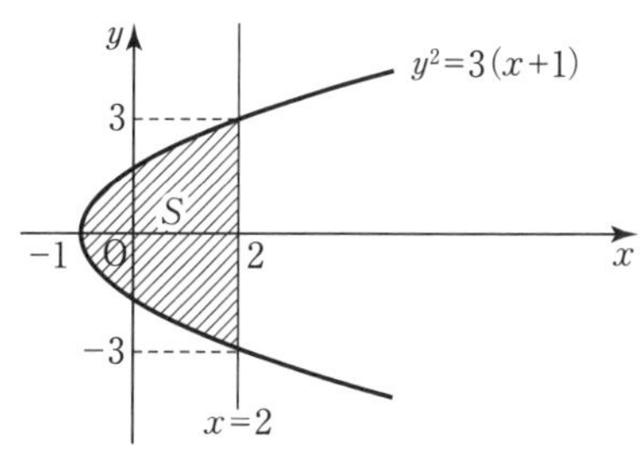

よって，求める面積を S とすると

$$S=\int_{-3}^{3}\left\{2-\left(\frac{1}{3}y^2-1\right)\right\}dy$$

$$=\int_{-3}^{3}\left(-\frac{1}{3}y^2+3\right)dy$$

$$=2\int_{0}^{3}\left(-\frac{1}{3}y^2+3\right)dy$$

$$=2\left[-\frac{y^3}{9}+3y\right]_0^3=2\cdot6=\mathbf{12}$$

参考　$y^2=3(x+1)$ より $y=\pm\sqrt{3(x+1)}$

求める面積 S は図の斜線部分である。

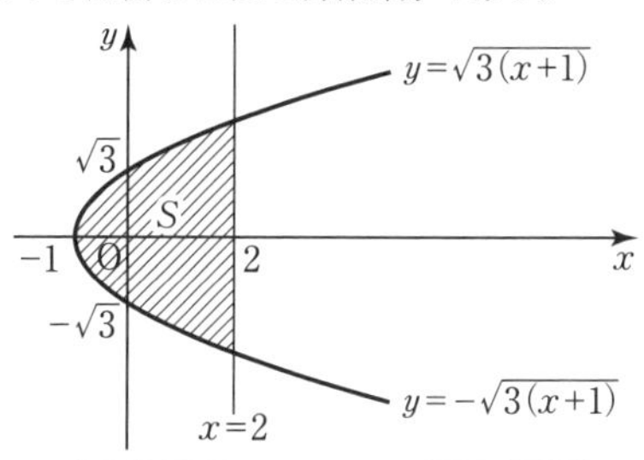

$y=\sqrt{3(x+1)}$ と $y=-\sqrt{3(x+1)}$ は，x 軸に関して対称だから

$$S=2\int_{-1}^{2}\sqrt{3(x+1)}\,dx$$

$$=2\int_{-1}^{2}(3x+3)^{\frac{1}{2}}dx$$

$$=2\left[\frac{1}{3}\cdot\frac{2}{3}(3x+3)^{\frac{3}{2}}\right]_{-1}^{2}$$

$$=\frac{4}{9}\cdot9^{\frac{3}{2}}=\frac{4}{9}\cdot27=\mathbf{12}$$

39 体積(I)

●マスター問題

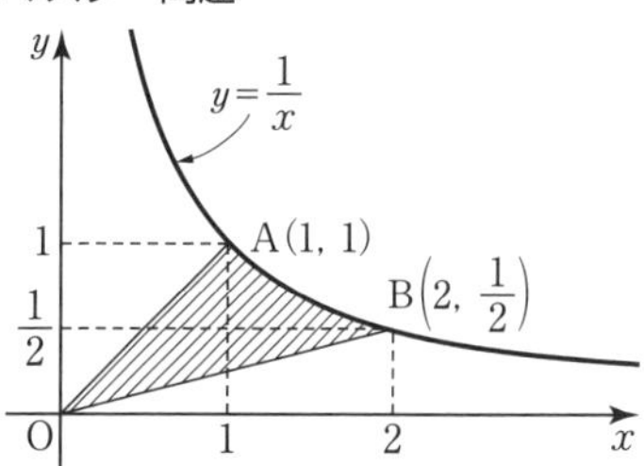

線分 OA の方程式は $y=x$

線分 OB の方程式は $y=\frac{1}{4}x$ だから

求める体積を V とすると

$$V=\pi\int_0^1x^2dx+\pi\int_1^2\left(\frac{1}{x}\right)^2dx-\pi\int_0^2\left(\frac{1}{4}x\right)^2dx$$

$$=\pi\left[\frac{1}{3}x^3\right]_0^1+\pi\left[-\frac{1}{x}\right]_1^2-\pi\left[\frac{1}{16}\cdot\frac{1}{3}x^3\right]_0^2$$

$$=\frac{\pi}{3}+\frac{\pi}{2}-\frac{\pi}{6}=\boldsymbol{\frac{2}{3}\pi}$$

●チャレンジ問題

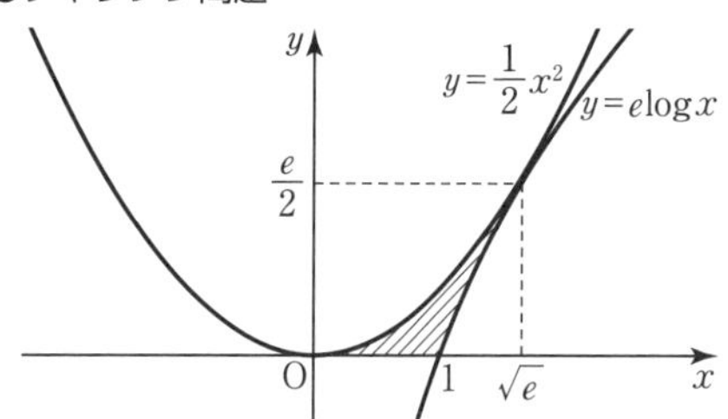

求める体積は上図の斜線部分を y 軸のまわりに1回転したものである。

$$y=e\log x\Longrightarrow\frac{y}{e}=\log x\Longrightarrow x=e^{\frac{y}{e}}$$

$$y=\frac{1}{2}x^2\Longrightarrow x^2=2y$$

と表せるから

$$V=\pi\int_0^{\frac{e}{2}}(e^{\frac{y}{e}})^2dy-\pi\int_0^{\frac{e}{2}}2ydy$$

$$=\pi\int_0^{\frac{e}{2}}e^{\frac{2}{e}y}dy-\pi\int_0^{\frac{e}{2}}2ydy$$

$$=\pi\left[\frac{e}{2}e^{\frac{2}{e}y}\right]_0^{\frac{e}{2}}-\pi\left[y^2\right]_0^{\frac{e}{2}}$$

$$=\frac{\pi e}{2}(e-1)-\pi\cdot\frac{e^2}{4}$$

$$=\pi\left(\frac{e^2}{4}-\frac{e}{2}\right)=\boldsymbol{\frac{\pi}{4}e(e-2)}$$

40 体積(II)

●マスター問題

S は下図の斜線部分である。

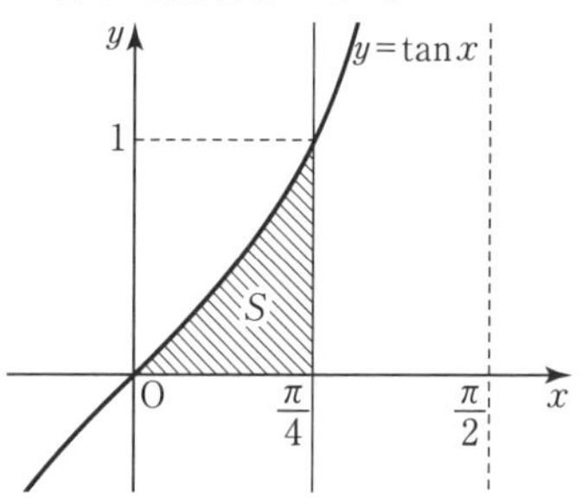

よって，求める体積を V とすると

$$V=\pi\int_0^{\frac{\pi}{4}}\tan^2xdx$$

$$=\pi\int_0^{\frac{\pi}{4}}\left(\frac{1}{\cos^2x}-1\right)dx$$

$$=\pi\Big[\tan x-x\Big]_0^{\frac{\pi}{4}}=\boldsymbol{\pi\left(1-\frac{\pi}{4}\right)}$$

●チャレンジ問題

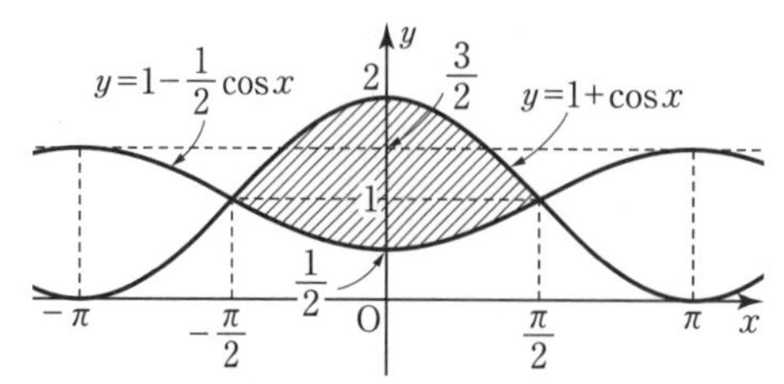

交点の x 座標は

$$1+\cos x=1-\frac{1}{2}\cos x \quad より \quad \cos x=0$$

$$-\frac{\pi}{2}\leqq x\leqq\frac{\pi}{2} \quad だから \quad x=\pm\frac{\pi}{2}$$

よって，求める体積を V とすると，上図の斜線部分を x 軸のまわりに1回転したもので，y 軸に関して対称だから

$$V=2\pi\int_0^{\frac{\pi}{2}}(1+\cos x)^2dx-2\pi\int_0^{\frac{\pi}{2}}\left(1-\frac{1}{2}\cos x\right)^2dx$$

$$=2\pi\int_0^{\frac{\pi}{2}}(1+2\cos x+\cos^2x)dx$$

$$-2\pi\int_0^{\frac{\pi}{2}}\left(1-\cos x+\frac{1}{4}\cos^2x\right)dx$$

$$=2\pi\int_0^{\frac{\pi}{2}}\left(3\cos x+\frac{3}{4}\cos^2x\right)dx$$

$$=2\pi\int_0^{\frac{\pi}{2}}\left(3\cos x+\frac{3}{4}\cdot\frac{1+\cos 2x}{2}\right)dx$$

$$=2\pi\left[3\sin x+\frac{3}{8}x+\frac{3}{16}\sin 2x\right]_0^{\frac{\pi}{2}}$$

$$=2\pi\left(3+\frac{3}{16}\pi\right)=\boldsymbol{3\pi\left(2+\frac{\pi}{8}\right)}$$

41 媒介変数表示による曲線と面積・体積

●マスター問題

(1) $x=\sin t,\ y=\sin 2t$ より

$$\frac{dx}{dt}=\cos t\geqq 0 \quad \left(0\leqq t\leqq\frac{\pi}{2} \text{ より}\right)$$

ゆえに x は単調に増加する。

$$\frac{dy}{dt}=2\cos 2t$$

増減表をかくと右のようになるから曲線 C は次のようになる。

t	0	…	$\frac{\pi}{4}$	…	$\frac{\pi}{2}$
$\frac{dy}{dt}$		＋	0	－	
y	0	↗	1	↘	0

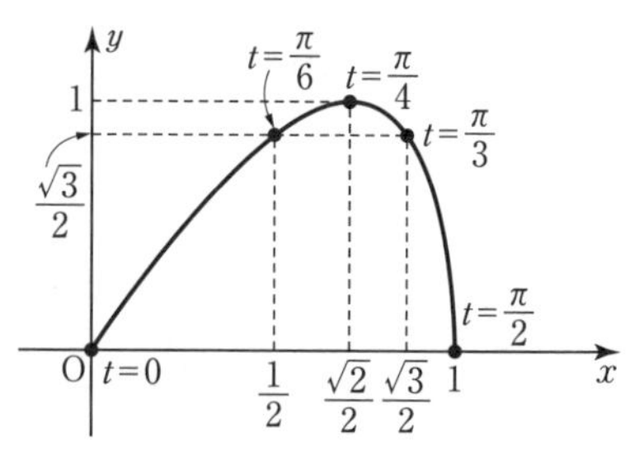

（t の主な値に対応する x と y の座標をとって，概形をかく。）

(2) $dx=\cos t\,dt$

x	$0\to1$
t	$0\to\frac{\pi}{2}$

$$S=\int_0^1 ydx$$

$$=\int_0^{\frac{\pi}{2}}\sin 2t\cos t\,dt$$

$$=\int_0^{\frac{\pi}{2}}2\sin t\cos^2t\,dt$$

$\cos t=s$ とおくと

$-\sin t\,dt=ds$

t	$0\to\frac{\pi}{2}$
s	$1\to0$

$$S=\int_1^0 2s^2\cdot(-1)ds$$

$$=\int_0^1 2s^2ds=\left[\frac{2}{3}s^3\right]_0^1=\boldsymbol{\frac{2}{3}}$$

●チャレンジ問題

$$V=\pi\int_0^1 y^2dx$$

$$=\pi\int_0^{\frac{\pi}{2}}\sin^2 2t\cos t\,dt$$

$$=\pi\int_0^{\frac{\pi}{2}}(2\sin t\cos t)^2\cos t\,dt$$

$$=4\pi\int_0^{\frac{\pi}{2}}(\sin^2t\cos^3t)dt$$

$$=4\pi\int_0^{\frac{\pi}{2}}\sin^2t(1-\sin^2t)\cos t\,dt$$

$\sin t=s$ とおくと

$\cos t\,dt=ds$

t	$0\to\frac{\pi}{2}$
s	$0\to1$

$$V=4\pi\int_0^1 s^2(1-s^2)ds$$

$$=4\pi\int_0^1(s^2-s^4)ds=4\pi\left[\frac{1}{3}s^3-\frac{1}{5}s^5\right]_0^1$$

$$=4\pi\left(\frac{1}{3}-\frac{1}{5}\right)=\boldsymbol{\frac{8}{15}\pi}$$

24(2)